突破自我

大众心理系列课程辅导用书编写组　编著

SPM 南方出版传媒　广东人民出版社

·广州·

图书在版编目（CIP）数据

突破自我 / 大众心理系列课程辅导用书编写组编著 . —广州：广东人民出版社，2020.9
ISBN 978-7-218-14447-4

Ⅰ．①突… Ⅱ．①大… Ⅲ．①成功心理－青年读物 Ⅳ．① B848.4-49

中国版本图书馆 CIP 数据核字（2020）第 156246 号

Tupo Ziwo
突 破 自 我

大众心理系列课程辅导用书编写组 编著　　　　　　　　　

出　版　人：肖风华

策划编辑：陈世艺
责任编辑：陈泽洪　李幼萍
执行编辑：张静智　吴瑶瑶
责任技编：吴彦斌
封面设计：廖惠颜
内文设计：杜　玲

出版发行：广东人民出版社
网　　址：http://www.gdpph.com
地　　址：广州市海珠区新港西路 204 号 2 号楼（邮政编码：510300）
电　　话：（020）85716809（总编室）
传　　真：（020）85716872
天猫网店：广东人民出版社旗舰店
网　　址：https://gdrmcbs.tmall.com
印　　刷：广东鹏腾宇文化创新有限公司
开　　本：710 毫米 ×1000 毫米　　　　1/16
印　　张：14.75　　　　字　　数：280 千
版　　次：2020 年 9 月第 1 版
印　　次：2020 年 9 月第 1 次印刷
定　　价：49.80 元

如发现印装质量问题，影响阅读，请与出版社（020-32449105）联系调换。
售书热线：020-32449123

INTRODUCTION
内容简介

你是否总会从负面出发看待事物？

你是否会因为和他人意见出现分歧而情绪失控？

你是否想真正地了解自己是什么样的人？

你是否总觉得自己敏感脆弱？

你是否总觉得自己低人一等？

你是否总陷入痛苦焦虑中，不能自拔？

……

我们穷尽一生向外索取，但我们有时却陷入更深的焦虑、痛苦、无助。其实，任何关系（亲密关系、亲子关系、职场关系等）最终都将回归为与自我的关系。我们只有不断地认识自己、突破自我并自我成长，才能疗愈自己，修炼出一颗强大的内心，从而更从容地面对世界，抵抗外界的压力与浮躁，避免焦虑、迷茫与无助，最终成长为理想中的自己。

这个不断认识自己、探索自己、突破自己、发展自己的过程在心理学中叫作个人成长。个人成长的内容似乎还是有些抽象，大家不是很清楚自己是如何成长的，以及成长了哪些方面。其实个人成长包括以下内容：怎样找到真实的自我、为什么是现在的自己、怎样去改变自己、从哪些方面提升自己。

本书或许能帮助你在个人成长之路上走得更顺利。

本书总体设计理念：

科学地运用心理学知识及原理；

认识自己，了解自己的人格特点及优势；

探索自己，溯源原生家庭，重塑自我力量；

调整自己，从认识情绪开始，学会合理管理情绪的方法，重建合理的思维认知模式；

超越自己，改变错误的认知模式，走出自卑，走向自信人生；

提升自己，拒绝脆弱敏感，提高抗挫力，强大自我，增强心理免疫力，无惧失败，走向成功。

本书内容共分为五大章和附录：

第一章，以"人格类型"为主题。对人格类型进行科学解读，帮助你了解自己的人格类型，对自己有更清晰的认知，了解自己的优势和特点，养成健康人格，减少对人生、生活的困惑和迷茫；更能理解他人及其背后的心理和行为方式；更平和地看待人生与社会。

第二章，以"原生家庭及童年创伤"为主题。弗洛伊德说："人的创伤经历，特别是童年的创伤经历，对人的一生都有重要影响。"阿德勒说："幸福的人用童年治愈一生，不幸的人用一生治愈童年。"这些都说明了原生家庭在童年时期对人的影响深远。此章将带领大家觉察童年的创伤，剖析童年创伤背后的原因，学习摆脱童年创伤影响的方法，找到自愈的力量，活出全新的自我。

第三章，以"情绪"为主题。通过对情绪的科学认知，找到与情绪相处的方法，学习掌控情绪的策略。另外，针对大多数人面临的四大情绪困扰——焦虑、抑郁、愤怒、压力，分别进行具体分析，帮助大家摆脱焦虑、驱散抑郁、控制愤怒、提高抗压力，从而合理管理情绪，不被情绪左右，做情绪的主人。

第四章，以"自卑"为主题。自卑的人会经常感受到无力感和不安全感的存在，常常处于焦虑、难过、不甘以及痛苦中，影响人际关系。此章将教大家觉察自卑、找到自卑的根源、重构认知结构、习得自信的方法，并针对"社交恐惧"以及"内向者"进行详细分析，分享突破社交恐惧和内向的方法，最后走出自卑怪圈，重塑"高光"人生。

第五章，以"抗挫力"为主题。挫折，是指人们在有目的的活动中遇到阻碍人们达成目的的障碍。经历挫折是人生必经的阶段，但抗挫力差的人容易感受到更多的阻碍、变得消极，不仅影响正常的生活，还会影响身心健康。此章将带领大家正确认识挫折，客观看待挫折，提高抗挫力，让大家更从容地面对挫折，从而养成强大的心灵。

附录，以"冥想"为主题。主要介绍一种能够帮助个人成长的冥想方法，这种方法简单易操作，适合在日常生活中使用。该部分主要介绍什么是冥想、冥想的类型以及冥想的操作方法和操作误区，并介绍一些日常生活中随时随地可操作的冥想的方法，让冥想走进你的世界，为个人成长赋能。

本书将从了解自我、修复创伤、情绪管理、增强自信、提高抗挫力五大方面，带领大家在心理的世界去觉察、感受和行动，收获个人成长的"密钥"，遇见更好的自己，并通过学习一种简单易操作的方法，为个人成长赋能，从而塑造幸福人生。

C ONTENTS
C 目录

第一章

我是谁——了解真实的自己

【摘要】

对于每个人而言，真正的使命只有一个：找到自我，追随内心，坚守一生。本章将科学解读人格类型以及人格与职业的关系。

【学习目标】

1. 了解人格类型，更清晰地认识自我，找到自我力量，不断完善自我人格，减少对人生、生活的困惑和迷茫。

2. 了解人格类型，理解他人的心理和行为方式，能平和地看待他人与社会。

3. 将自我人格和职业发展相结合，寻找匹配的工作，为自己的职场添彩。

扫描领取 配套课程

● 第一节
实用人格指南——快速读懂自己（一）

一、为什么要了解人格类型

"我是谁？我从哪里来？要到哪里去？"这是著名的哲学三问。

我们每个人终生都想了解自己，这是为什么呢？

1. 好奇心。"为什么在和我面对同样的情况时，朋友的反应是生气，而我的反应却是沮丧？"

2. 想解决自己的问题。"为什么遇到问题时我总是容易跟别人发生冲突，最后弄得不欢而散？为什么我遇到别人插队的时候，就容易生气、跳脚，让自己情绪低落，而有的人却能淡定自若呢？我也想跟他们一样让自己的情绪不受别人的影响。"

其实，每个人有不同反应是受其不同的人格类型影响的。要想了解自己，就要先了解自己的人格类型。

什么是人格？人格是指人类心理特征的整合、统一体，是一个相对稳定的结构组织。这样说，还是会让人觉得陌生和抽象。我们换一个简单的说法：人格就是一个人的思维和行为的典型且持久的方式，即"你是什么样的人"。比如我们形容一个人乐观大方、善良温暖、自私自利、尖酸刻薄等，这其实就是对一个人的人格特征进行描述。

不同的人，有不同的人格类型。了解不同的人格类型，我们就可以理解自己和别人行为背后的原因；而了解人格类型更重要的是认识并接纳完整的自己，无论是优点或缺点，同时扬长避短、完善自己，这样便可以减少苦恼和麻烦，成长为更好的自己。

依据九型人格理论，人格类型包括九种：完美型、领导型、和平型、助人型、高效型、自我型、分析型、怀疑型和乐观型。我们先通过一个案例来具体认识其中的三种人格类型：完美型、领导型和和平型。

【案例】

项目汇报时，领导对项目工作进行了一番批评，小组内的三个工作人员各有自己的想法。

甲：唉，这个项目还是有很多细节的地方需要改进，还是我做得不够好，细节没有做到位。

乙：我觉得我们的项目并不是一无是处啊，还是有可取之处的，一定要再和领导谈一谈。

丙：领导说得对，领导让怎么改就怎么改呗，差不多得了。

可能大家会奇怪，为什么会把这三个人放在一起。这是因为他们都有一个共同点，就是发脾气；而不同的是，他们发脾气的方式和对象并不一样。甲是容易跟自己发脾气，在面对他人的否定时，会鞭策自己，总结自己的问题，力求把事情做到最好；乙是容易跟别人发脾气，面对一件事情，总是想跟对方争论，说服对方；丙是不直接发脾气，用一种间接、被动的发脾气方式，将他人的看法作为自己的看法，压抑自己的真实情绪。

比较以上三个人的不同反应，这三个人分别属于哪种人格类型呢？下面，我们就来仔细分析这三个人的人格类型。

二、人格类型

（一）完美型

甲所做出的反应，非常符合完美型的人格类型特点。

完美型人格的人总是严格按照规则办事，即使面对特殊情况也不容许自己或者他人超越规则，事事力求完美。他们的口头禅是"这个必须……""……可以更好""一定要……"。当你再进一步问他们为什么会这样的时候，他们一般都会说："小的时候父母对自己要求比较严格，自己承载了家庭的希望，但是得不到家人的称赞，只好把批评作为自己进步的动力。"

1. 特点

（1）追求细节。

（2）只做正确的事情，并且认为只有一条路径可以达到。

（3）遵守规则，规则不容破坏。

（4）把批评转化为自己前进的动力。

案例中，在面对领导的批评时，甲的现场表情一定是一脸懊恼和自责，他会不断地暗示自己：是我不够好，是自己没有把事情做到完美。完美型人格在归因的时候，首先会进行自我检讨，将所有的怒火指向自己，并把他人和自我的批评转化为自己前进的动力，这就是完美型人格的典型特点之一；但他们不会承认这一点，因为完美型人格的人，即使是发脾气，也要为自己寻找到合理的理由和渠道。

2. 闪光点

完美型人格有以下几个闪光点：

（1）工作完成度好，责任心强，敬业。

（2）坚守原则，绝不妥协退让。

（3）追求有价值的目标而非为了权力和金钱。

3. 改进完善指南

（1）不要苛求自己，给自己容错的空间。

（2）需要对内心的严格标准进行修改，对规则提出质疑。

（3）到现实中去找答案。如果觉得其他人在对自己评头论足，那就直接找他们问问清楚；如果感到自己的担忧在加剧，就去寻找事实信息来消除不必要的焦虑。

（4）条条大路通罗马，达到某一目标的路有很多，不要把自己困住。

（5）学会区分"应该完成"和"想要完成"之间的差别。

（6）关注你对他人的怒火，很可能他人的所作所为正是你内心渴望的。

（7）注意未被察觉的生气现象，比如表面故意摆出笑脸，实则内心很生气；言语很礼貌，但声音很尖锐；面带笑容，但动作僵硬。

（二）领导型

乙所做出的反应，非常符合领导型的人格类型特点。

领导型人格的人喜欢直面冲突，保护弱者，但是不允许自己软弱，也不允许他人对自己表现出同情和可怜，因为这对他们来说是最大的侮辱。优胜劣汰、弱肉强食是他们信奉的世界观，他们的口头禅是"不不不，是这样的……""不对，其实是……"。也许是因为他们长期生活在充满控制和暴力的环境中，想要保持自身的安全，认为自己需要不断变强，去保护弱者，就像保护曾经弱小的自己一样。

1. 特点

（1）控制欲和占有欲比较强，喜欢说服别人。

（2）具有进攻性，喜欢主动辩论，公开表达自己的愤怒。

（3）关注正义，喜欢保护他人。

（4）一旦有自己渴望的目标，就会精力充沛，全身心投入。

在上面的案例中，面对领导的批评，乙虽然没有当面跟领导据理力争，但可能在现场面对批评时他的一些肢体语言已经说明了一切：我很好，如果不好，也是你们不好。善于公开表达自己的怒火，表明自己的立场，这是领导型人格的典型特点之一。

等到成为真正的领导时，他们会富有责任心，带领自己的团队不断进步和成长，但同时请准备好接受他们强有力的指导。

2. 闪光点

（1）敢于直面挑战和困难。

（2）运用自己的能力去帮助他人。

（3）直接表明自己的立场，敢于表达自己的观点和看法。

3. 改进完善指南

（1）认识到自己的厌烦感，实际上是在掩盖其他的情感。

（2）努力发现他人行为的逻辑性和正确性，允许他人坚持不同的观点。

（3）认识到真正的感觉往往是从消沉中产生的，把消沉当作一种感情流露的方式，不要逃避负面情绪。

（4）记得把自己的想法和感受记录下来，并以此来提醒自己，不要强迫自己拒绝内心的感觉。

（5）学会延迟情感的表达。在准备发火之前，先在心里倒数10下。

（6）不要总是从外界寻找问题的根源，学会从自己身上找问题。

（7）学会承认自己的错误。

（三）和平型

丙所做出的反应，非常符合和平型的人格类型特点。

和平型人格的人，希望天下太平，没有冲突，他们能听到很多人的观点，但唯独没有自己的观点；他们不知道自己的需求是什么，容易受到他人的影响，习惯依照他人的需要来安排日程。他们的口头禅是"其实没什么大不了的……""好的，我知道了""对对对，您说得对"。此类型的人在小时候不被家人重视，自己的想法和感受总是被人忽略，时间长了，他们就会觉得自己的想法和感受不重要，逐渐养成过分依赖他人意见的心理习惯。

1. 特点

（1）喜欢听从他人安排，容易懒惰。

（2）不与他人发生冲突。

（3）从不表达自己的观点和感受。

（4）习惯性地压抑自己的愤怒情绪。

（5）喜欢平静、自然的生活方式。

案例中，面对领导的批评，现场的丙一定是面无表情的，不管领导说什么，他的标准动作就是点头，习惯语言是"好的，您说得对"，习惯性地摒弃自己的真实感受，收起自己的怒火，一切以"你好我好大家好"为目标，这是和平型人格的典型特点之一。他们有良好的人际关系，但不发脾气不代表没有脾气，等到怒火积攒到压制不住时，周围的人可要小心哦！

2. 闪光点

（1）乐于助人，很知足。

（2）善于倾听他人。

（3）易相处，有良好的人际关系。

3. 改进完善指南

（1）面对冲突时，觉察自己的真实感受，不要保留自己的意见，试着表达出来。

（2）让工作项目有计划地进行，设定最后期限来帮助自己集中精力。

（3）将自己所做的所有事情进行合理分配，抓重点。

（4）不要把注意力转移到不必要的替代品上，比如食品或电视，要及时注意到这种情绪的出现。

（5）不要向他人去寻求决定的答案。如果知道自己不想要什么，却不知道自己要什么，可以通过排除法找到答案。

（6）要练习既能从他人的立场上行动，又能从自己的立场上行动。

（7）如果不知如何表达愤怒，可以通过想象力来释放自己的愤怒，想象自己说出或做出了最糟糕的事情，直到内心的怒火得到消减。

三、注意事项

1. 每个人都有一个主导人格，但是也会有其他人格的相关特点；虽然人格具有相对稳定性，但是又具有动态变化性，所以大家无须对号入座。

2. 每一种人格类型都有其独特的地方，也有其优点和缺点。这种优缺点是相对的，在一种场景下它可能是优点，但在另一个场景中，这种优点就可能变成短板。这些优点和缺点共同组成了一个完整的独一无二的自己，因此，我们了解自己的人格类型并不是要消灭自己的缺点，而是学会去接纳拥有优点和缺点的完整的自己，并扬长避短，将优点和缺点发挥在适合的地方，从而更好地发展自我和适应社会。

四、小结

人格的定义：人格是一个人思维和行为的典型且持久的方式。

人格类型一般分为九种：完美型、领导型、和平型、助人型、高效型、自我型、分析型、怀疑型和乐观型。

本节具体介绍了完美型、领导型、和平型三种人格类型及其各自的特点、闪光点以及改进完善指南。每种人格都有它与众不同的优点和缺点，学会接纳和合理发挥优缺点，更好地自我成长。

五、思考及作业

观察你周围是否有以上三种人格类型的人，记录其行为反应、语言表现等信息，试着发现和总结其人格特点和闪光点。

案例分享

当完美型领导碰上领导型员工会碰撞出什么火花？

一、案例描述

领导："这个方案主要是你负责？"

员工："是的，请问有什么问题吗？"

领导："里面有很多细节问题需要再细化，细节决定成败啊。"

员工："我觉得我们的想法非常新颖，这个是重点，细节的东西可以再商讨。"

领导："细节不是小事，但凡出一点问题，我们都是要负很大责任的！"

员工："好。"

领导："去把方案进一步细化之后再拿来给我看，我希望它是完美的。"

员工："完美我做不到，但是我会尽力。"

领导："你这是什么态度？我说一句你反驳一句，我这是为你好，也为我们团队好，我们拿了客户的钱就必须把事做好……"

员工："我又没说我不干。"

二、案例分析

（一）双方冲突的原因

1. 领导属于完美型人格，工作认真负责，做事有条理性，注重细节，对自己和他人的要求比较高，秉持着"我是为你好才批评你"的工作态度。

2. 员工属于领导型人格，在事情上做决策很快，抓大放小，以结果为导向，很容易因为粗线条的个性而忽视一些细节，或者认为某些琐碎的过程完全不重要。

3. 当完美型的人感觉到领导型的人某些细节处理得不妥时，容易因为原则性太强而揪着不放，不让步，如果对方没有认识到自己的错误，完美型的人会当众指出对方的问题，让对方下不来台。

领导型的人会觉得完美型的人做事不是看全局，而是喜欢钻牛角尖，在不必要的点上纠结，处理事情不够灵活变通；也会觉得完美型的人性格较真，特别是在有其他人在场的情况下直接挑毛病是对方对自己的不尊重，是在挑衅，时间长了，会觉得完美型的人在否定他整个人。

（二）上述两种类型的人彼此该如何相处

1. 与完美型的人相处

（1）当和完美型的人沟通时，领导型的人首先应该主动承认自己的疏忽之处，因为追求完美本身并没有错，并且对方的批评并不是在否定自己的所有努力，而是为了让自己做得更好。只要你接受他们的建议，他们便会很温和地告诉你接下来该怎么做。

（2）双方的目标都是为了把事情做好，在沟通的时候想一想对方的优点，取他人之长补自己之短，不断完善自我，发挥团队的最大价值，同时也能够真正实现自我价值。

2. 与领导型的人相处

（1）当与领导型的人沟通时，完美型的人可以把说服对方的角度指向那些具体细节可能会导致不利的方向，告诉他们可能会造成哪些严重后果甚至会造成哪些失控局面。领导型的人最在意的就是事情失去控制，用这种方式，不但可以获得领导型的人的信任，也会让他们意识到完美型的人的细节处理能力。

（2）双方的目标都是为了把事情做好，在沟通的时候想一想对方的优点，取他人之长补自己之短，不断完善自我，发挥团队的最大价值，同时也能够真正实现自我价值。

（三）上述两种类型的人在与其他人交往时需要改进的地方

1. 作为完美型的人，在和别人的相处中，需要注意的是：

首先观察自己坚持的立场是否有绝对的必要，可以先对对方在工作中良好的一面进行表扬，之后针对具体的细节问题进行指导，并告知对方修改问题的方向。

2. 作为领导型的人，在和别人的相处中，需要注意的是：

多听一听他人的意见，不要固执己见，同时需要调节好自己的情绪，如果觉得自己的想法很好，可以私下跟对方进行沟通。

名句
赏析
无论将来会遇到谁，生活都是先从遇到自己开始的。
——卢思浩《愿有人陪你颠沛流离》

◯ 第二节

实用人格指南——快速读懂自己（二）

上节学习了三种人格类型：完美型、领导型和和平型，本节将学习另外三种人格类型，即助人型、高效型和自我型。下面通过一个案例进入本节内容吧。

【案例】

某公司的工作小组预计在月底选出一个新的小组长，现在有三个候选人甲、乙、丙，最后决定谁作为小组长还得看他们在这期间的总体表现，之后由本部门的员工投票决定。下面是甲、乙、丙三人对选小组长的内心活动。

甲：我得去了解一下同事们都有什么需求，然后尽量满足大家。

乙：我得努力工作做出点成绩来，让大家看看我的能力，这样才可以赢得同事们的信任。

丙：我想我应该更加与众不同，靠我的人格魅力吸引大家。

看完上面甲、乙、丙三个人的"内心戏"之后，你能在他们身上看到什么共同点吗？你可能会觉得这三个有不同想法的人哪有什么共同点。其实仔细看是有共同点的，即他们的动机都是为了吸引他人注意，希望得到别人的喜欢和接纳，善于打造自己的形象。但他们为了吸引别人的注意力所做出的反应是不一样的：甲选择去了解其他同事的需求；乙选择通过努力做出成绩，表现出自己的能力；丙选择用与众不同的个性去吸引别人的注意。

比较以上三个人的不同反应，这三个人分别属于哪种人格类型呢？

一、人格类型

（一）助人型

甲所做出的反应，非常符合助人型的人格类型特点。

助人型性格的最大特点就是喜欢帮助他人，在帮助的过程中不断获得他人的认可。

为什么会这样呢？当我们回溯到小时候会发现，他们在童年时多是受欢迎的角色，因为他们知道怎么做才会让父母开心，他们是让家长省心的孩子；在人多的时候他们是大人们的开心果，他们会表演节目，周围人都很喜欢他们。有这样一个案例，在主人公小的时候，因为感觉妈妈更爱妹妹，为了获得妈妈的关注，他总会在妈妈下班时默默关注妈妈的反应，然后做出反应，例如为了让妈妈开心便帮忙做家务。还有一些助人者会很敏感地关注到他人的需求，主要是因为在童年期他们会满足父母情感上的需要，他们会主动帮助爸爸妈妈，像个小大人一样。

1.特点

（1）他们对自己的感受和认知，多是来自于他人的评价和反应，所以有时往往会为了让他人认同自己、喜欢自己而做出改变。他们的口头禅往往是"可不可以""你感觉这样好不好"。

（2）他们的安全感不是来自于自由和独立，而是来自于获得周围人的肯定和关注。在和其他人的交往中，他们很细心，能察觉到周围人的情感和喜好，并给予他人帮助。比如案例中的甲，他为了竞争小组长这个职位，首先想到的是满足同事的需求，在同事心中营造一个好的形象，然后获得同事的认可。

（3）在生活中有很多这种人格特征的人，比如有人在和朋友相处的过程中，虽然现在很忙，但是朋友有需要就会马上帮助。他们喜欢听到朋友的夸奖，喜欢在人际交往中充当一个"没我不行"的角色；他们的注意力都在别人身上，总是想着该怎么满足别人的要求，有时明明不想做、不想帮忙处理问题，但是他们一般不会拒绝，因为他们享受帮助之后获得的赞美和认可。

案例中，甲为了竞选小组长，他首先想到的是同事们的需求，并且尽量去满足大家，体现了助人型的人格特点。

2. 闪光点

（1）他们总是在与人交往中很热心，喜欢帮助别人。和这种人格的人做朋友很省心，因为他会不断地给你提供支持，让复杂的事情变简单。

（2）他们会很用心地经营人际关系，他们会生气，但是不会记仇。

3. 改进完善指南

（1）从关注别人转向关注自己，要多关注自己的内心和感受，不要总是活在别人的感受中，要给自己更多关爱。

（2）认识到自己对别人所具有的价值，既不要夸大自己的作用，也不要卑微地接受所有人的要求，要学会拒绝。记住，你不是救世主，不能满足所有人的需求。

（3）不要为了得到认可和回报去帮助别人。比如送别人一个礼物，不要因为没有收到你想要的回报而收回你的爱，不要让自己对别人的关心和爱附有太多的条件。

（二）高效型

乙所做出的反应，非常符合高效型的人格类型特点。

高效型的人和助人型的人有一个人格上的共同点，那就是他们最原始的需求都是获得别人的关注，希望和身边的人构建良好的关系。只是高效型人格的人吸引周围人的方式和助人型人格的人是不同的。

在幼时，高效型的人受到夸奖都是因为他们好的成绩和取得的成就。这种类型的人，家里人会很看重他们在公众场合的表现；拥有这种人格的人最大的感受就是妈妈在和别人夸他们成绩的时候，他们能感受到妈妈的骄傲和其他叔叔阿姨羡慕的眼神，这时候他们会感觉是他们给妈妈和全家带来了荣誉。

1. 特点

（1）他们认为获得他人的认可是不需要迎合他人的，而是要靠努力和获得社会地位才会得到别人的认可。

（2）他们注重成就感和个人形象，会忽视个人感受，不善于表达自己的内心。

（3）他们希望在竞争中获得成功，避免失败。

案例中，乙觉得想要竞选小组长，必须要努力工作做出点成绩来，让大家看看自己的能力，这样才可以赢得同事们的信任。这特别符合高效型的人格特点——觉得靠努力和社会地位才会得到别人的认可，注重外在成就感。

2. 闪光点

（1）他们认为赞美和认可需要靠自己的能力和实力获得。他们一直秉持的理念是：要成为有能力、有效率、乐观积极的人。

（2）他们在工作中是工作狂，不断在工作中学习和突破，看重工作得到的成就；他们很高效，可以同时进行几份工作，精力充沛，很少抱怨。

（3）在生活中，他们很努力，总是尽心尽力地处理所有事。他们喜欢竞争，如果有人向他们炫耀自己的身材，他们往往会选择去运动塑身，并严格执行。

3. 改进完善指南

（1）要学会慢一点，停下来感受一下自己的内心，感受是什么让自己不停地工作，要寻找自己的情感，不要搁置情感。

（2）工作遇到困难时，不要逃避，也不要害怕失败，不要总通过寻找新的工作来逃避。

（3）工作中可以尝试放下高效的节奏，尝试和他人沟通交流和合作。

（4）不要根据他人的期待改变自己，也不要总想和他人一较高下。

（三）自我型

丙所做出的反应，非常符合自我型的人格类型特点。

自我型的人，他们多是浪漫主义者，喜欢追求有意义的事情，所以他们的内心世界非常丰富；但他们是孤独的，喜欢独处，不喜欢庸俗，以自我为中心，却又常常希望得到别人的理解。

自我型的人，他们很有可能在童年有过被遗弃的经历，因此能够描述出被很重要的人不理睬、抛弃的感觉，内心充满了被遗弃感和孤独感。比如，曾经有一个自我型的人经常会和别人描述他在童年期经历父母离异,然后母亲远离家庭的场景。自我型的人总是在经历中寻找自我,希望得到他人的认同,但他们也会因为童年期的经历而感到自卑和孤独,感觉自己不如别人。

1. 特点

(1)他们喜欢成为人群的焦点,喜欢被关注,喜欢特立独行,注重外在形象。

(2)他们不太善于言辞,不善于展示自己,但是又期望别人能够欣赏自己身上与众不同的气质。

(3)他们非常容易情绪化,很敏感,悲伤和快乐会在一瞬间转变。

(4)他们不喜欢被人否定,感觉别人的否定是因为不了解自己或者欣赏不了自己。当遇到否定的声音时,他们会选择不回应,不愿意去争论。

(5)他们以自我为中心,占有欲强,喜欢自由和无拘无束的生活,不喜欢制度和约束。

(6)他们总会在工作中掺杂很多个人情感,有时会影响工作效率。

案例中,丙为了竞选小组长,他觉得他应该更加与众不同,靠人格魅力吸引大家。这就体现了自我型的人格特点——喜欢成为人群的焦点,期望别人能够欣赏他身上与众不同的气质,在工作中掺杂更多个人情感。

2. 闪光点

(1)他们追求个性,注重内在自我能力的提升。

(2)情绪感受能力强,经常能够打动和感染他人。

(3)有艺术气质,思想境界较高。

3. 改进完善指南

(1)要学会接受自己童年的经历和创伤,不要回避,与其刻意追求快乐,不如坦然接受伤感。

(2)在生活和工作中,不要太情绪化,要勇于承担责任。

(3)要善于发现自己身上优秀的潜质,树立自信,不要过于注重缺点,觉得自己不如别人。

（4）活在当下，把注意力和焦点放在眼前和脚下，要关注眼前的积极因素，不要被负面的因素所吸引。

（5）培养多种多样的兴趣，结交各种朋友，把自己的注意力从抑郁的情绪中转移出来。

二、小结

本节具体学习了助人型、高效型、自我型三种人格类型及其各自的特点、闪光点、改进完善指南。

其中，助人型人格的特点是喜欢帮助别人，很热心，改进方向是要注意多关注自己的内心感受，不要总是为了得到认可和回报去帮助别人；高效型人格的特点是认为努力可以获得成就，喜欢竞争，工作中很有效率，改进方向是要学会放慢脚步，停下来感受一下自己的内心；自我型人格的特点是以自我为中心，喜欢被关注，追求个性，改进方向是在生活和工作中不要太情绪化，要勇于承担责任。

三、思考及作业

观察你周围是否有以上三种人格类型的人，记录其行为反应、语言表现等信息，试着发现、总结这三种人格类型的特点和闪光点。

案例分享

当高效型男生碰上自我型女友会碰撞出什么火花?

一、案例描述

场景:小方和小王是一对情侣,小方是一个喜欢浪漫、内心世界很丰富、情绪敏感的自我型人格女生,男朋友小王是一个追求效率、精力充沛的高效型人格男生。某一天早晨,小方要骑电动车上班,突然发现车启动不了,于是给男朋友打电话。

小方(女):"车插上钥匙之后为什么启动不了,我这着急上班,怎么办呀?"

小王(男):"好的,你先别着急,先把钥匙拧到'on',看一下指示灯亮不亮,检查一下是不是电瓶出了问题。"

小方(女):"昨天明明还好好的,今天怎么就这样了,我怎么这么倒霉啊!"

小王(男):"不要着急,你先看一下指示灯亮不亮。"

小方(女):"如果打不开怎么办,一会该迟到了,本来在公司领导就觉得我不好,再迟到了领导得多讨厌我。我怎么办啊,我怎么什么都做不好。"

小王(男):"你先不要想这些,为了节省时间赶紧去公司,你先按照我说的做,我们现在的目的是让你成功去公司,而不是在这里自责。"

小方(女):"你是不是生气了?你根本没有体会到我的心情和感受,你总是这样,一板一眼、规规矩矩的,也不知道你每天都在忙什么,如果你今天不这么早走,我现在也不至于这样。"

小王(男):"我们现在吵架只会浪费你上班的时间,我觉得我们做事要注重效率,希望你可以听到我说话的重点。"

小方(女):"你一点都不体谅我,就知道效率效率,难道谈恋爱也需要高效省时间吗?"

小王(男):……

二、案例分析

（一）双方冲突的原因

在上面的案例中，我们看到：

1. 一个自我型的女生，她关注的重点是自己为什么会遇到这样的问题，很悲观，也很情绪化。

2. 高效型的男生认为思考这些都是没有用的，现在所要做的是先找到问题产生的原因，然后根据问题给出对策。

3. 这两种人格类型的碰撞，会让自我型女生感觉自己的情绪被忽略了，没有被理解；而男生会感觉女生很情绪化，影响解决问题的效率。双方的矛盾由此产生。

（二）上述两种类型的人彼此该如何相处

1. 与高效型的人相处

最重要的就是自我型的人要理解高效型的人注重效率和结果，喜欢成功，他们会让自己一直处于高效紧张的状态。

在理解高效型的人的基础上，自我型的人要看到对方身上的闪光点：乐观、积极、有效率，是一个努力而且精力充沛的人。自我型的人可以根据不同的问题和情况尝试去适应对方高效率的模式，因为他们的高效和规则意识会帮助自己解决很多问题。

2. 与自我型的人相处

第一，包容和理解。自我型的人追求浪漫，内心戏和情感很丰富，但有一些敏感，所以需要别人的理解和欣赏。

第二，在理解自我型的人的基础上，高效型的人要善于发现对方身上的闪光点：虽然情绪化但是感染力很强，也有很强的创造力和想象力。双方要相互理解，相互发现闪光点，彼此学习。

（三）上述两种类型的人在与其他人交往时需要改进的地方

1. 作为自我型的人，在和别人的相处中，需要注意的是：

（1）要尝试控制自己的情绪，尤其注意不要把情绪带入工作中。

（2）要树立自信，善于发现自己身上的闪光点。

（3）不要总是聚焦在负面情绪上，要多参加活动。

2. 作为高效型的人，在和别人的相处中，需要注意的是：

（1）要尝试慢下来，想一想自己的需要，感受一下自己的内心。

（2）认识自己的情感，学会发泄自己的情绪。

（3）要多和别人交流，不要总是被规则和工作锁住，要努力跳出来，寻找自我。

> **名句赏析**　　向外看的人是在梦中，向内看的人是清醒的人。
>
> ——荣格

● 第三节
实用人格指南——快速读懂自己（三）

本节将学习九种人格类型中的最后三种——分析型、怀疑型、乐观型。

下面通过一个案例来进入本节内容吧。

【案例】

在一次重要的年会项目中，甲、乙、丙一起进行了场地布置，但是在年会过程中，老板发现重要展板上的主题名字写错了，老板非常生气，立刻找甲、乙、丙一起开会，对他们的错误进行了批评。甲、乙、丙呈现出了不同的心理活动。

甲：我真希望自己挖个洞钻进去，或者把自己融进墙上的画里，然后我在墙壁上，把老板当成萝卜一样。

乙：我现在看到老板表情严肃、咬牙切齿，他的眼睛好像一直盯着我，他肯定对我最不满意，他肯定会裁掉我，我的前途堪忧了。

丙：生气了又怎么样？等开完会，回到场地，桌上还有美酒和美食可以享受，应该是值得开心的事。

我们看到上面的案例中，甲、乙、丙都有一个共同点，就是他们本质上都容易产生害怕心理，但是甲、乙、丙对于畏惧分别采取了不同的心理反应。

甲选择挖个洞或融进墙里，这样自己就感受不到害怕的感觉；乙却放大自己的害怕，幻想最糟糕的情况，甚至觉得自己前途堪忧；丙却表现得不在乎，通过幻想快乐的事情来消除害怕。

同样具有害怕心理，但是三个人对于害怕的反应却是不一样的，这其实是受了他们的人格类型的影响。这三个人分别属于哪种人格类型呢？

一、人格类型

（一）分析型

甲所做出的反应，非常符合分析型的人格类型特点。

分析型的人总是喜欢思考，追求知识，在情感上与他人保持一定的距离，不愿体验情感，不愿意接触其他人和事，注重对自己隐私的保护，采取不干涉、不参与、不涉及的态度，甚至被形容为"不懂人情世故"。他们的口头禅是"理论上""按道理""我的分析是"。

1.特点

（1）追求知识，觉得做人要有深度，喜欢观察、思考、分析，喜欢研究事物的原理和人的关系等。

（2）渴望独处，需要私密空间，不喜欢喧闹，避免与世界产生直接联系。

（3）如果非要与人接触的话，会选择情感隔离，隐藏真正的自我及内心感受，不让自己受情感的束缚。

（4）崇尚极简主义，减少需求，重视精神享受，抑制欲望。

在上面的案例中，甲所表现出来的是分析型人格类型中的一个典型特点——情感隔离。有时候为了逃避痛苦，分析型的人就会选择将当时的情感封闭或者隔离起来，所以甲会表示希望挖个地洞钻进去或者融入墙上的一幅画，这样就可以让内心的畏惧感消失，将自己的情感隔离起来。

2.闪光点

（1）超然事外的立场以及分析能力能够让他们在一团乱麻中理出思绪。

（2）脱离情感的能力，也让他们能够在重压之下保持冷静的头脑和清晰的思维并做出决策。

3. 改进完善指南

（1）注意自己在别人期待回应的时候，是否有所保留，是否不愿意与他人分享太多，是否不愿给予，怕被别人的需求所利用；尝试去回应别人的期待，学会接受他人的需要和情感，因为接触他人和表达自我并不会让自己受到伤害。记录与他人在一起时自己的感受，把这种感受与自己独处时的感受进行对比，找到两种感受的差异。

（2）避免过于独立、自负，摒弃"没你我也可以"的想法，有时候"与世隔绝"太久会产生孤独感，试着去承认自己渴望被认可和帮助，并愿意为此付出，也许就能摆脱无助感。

（3）尝试去体会当下的情感，而不是只有在自己一个人的时候才去思考，理性分析并不能代替当下的体验，试着去体会自己的情感，并把自己的感觉表现出来。

（4）要避免为了不被人注意而假装自己适应周围的环境，不妨尝试着表现自己真实的情感。

（二）怀疑型

乙所做出的反应，非常符合怀疑型的人格类型特点。

怀疑型的人用怀疑的目光看待一切，因为怀疑而容易害怕，因为害怕受到攻击，在采取行动的时候会犹豫不决。他们对失败的原因非常敏感，反对有权力的人；愿意自我牺牲，非常忠诚。

怀疑的态度会产生两种极端：恐惧型和反恐惧型。

恐惧型的人会非常犹豫不决，觉得自己受到了迫害，并急于屈服以保护自己。

反恐惧型的人虽然也一直处于顾虑之中，但是他们能够站出来直面恐惧，并以积极主动的方式化解疑惑。他们的口头禅是"可能""但是""害怕"。

1. 特点

（1）凡事有计划，确保万无一失。

（2）有超强的想象力，想象最坏的情况，关注潜在困难，关注事物的消极面。

（3）怀疑所有人，质疑权威，怀疑自己。

（4）防御性强，警惕性高，害怕暴露自己的弱点。

（5）因为内心的疑虑以及对失败的恐惧，经常可能拖延行动。

（6）遇到有难度的事情，反而发挥更好。

案例中的乙体现了怀疑型人格类型的特点——将害怕放大，总是想到最糟糕的情况，并深陷其中不能自拔。因此，乙觉得自己的工作毁了，前途堪忧；过分警惕，怀疑老板，觉得老板对他有敌意，以为老板会认为他的责任最大。

2. 闪光点

（1）怀疑型的人会愿意为一个理想而付出忠诚、不求回报的努力。

（2）为了履行自己的责任和义务，他们愿意作出大量的自我牺牲，他们不追求即刻的成功，不要求必须得到社会的认可。

（3）他们可以为了一个有价值的冒险去挑战权威，面对打击，尤其是在拥有同伴支持的时候。

（4）他们还愿意为了内心的追求去冒险、去牺牲、去忍受痛苦。

3. 改进完善指南

（1）需要认识到自己经常因为害怕而退出的这种行为，其实是一种自我怀疑；而且把怀疑投射到他人身上，认为是他人对自己的能力产生了怀疑，其实这是自己胆量不够，总是需要得到权威的许可才敢行动。因此，不要让怀疑成为行动的绊脚石，坚定信念勇敢向前迈步，也许就能完成既定的目标。

（2）察觉自己的畏惧感是否基于现实。通过现实来检验自己的畏惧感，分辨哪些畏惧是自己的想象，哪些则是有事实依据的。就像案例中的乙一样，他很强的畏惧感其实是他想象出来的，试着把内心的害怕倾诉给一个值得信任的朋友，听听对方的建议，用事实结果来检验自己的判断。

（3）注意自己是否喜欢怀疑他人的好意和帮助，是否总把别人看作是没有能力的人，是否总觉得别人对自己有敌意。当感觉到他人表现出敌意时，首先检查自己是否率先表现出了攻击的倾向。不要让怀疑关上帮助的大门，破坏信任的基础。

（4）如果经常想起糟糕的事情而不是快乐的经历，要试着提醒自己去回忆那些快乐的记忆，利用自己的想象力，去想象正面的结果。

（三）乐观型

丙所做出的反应，非常符合乐观型的人格类型特点。

乐观型的人渴望永远年轻，追求新鲜好玩，精力充沛、自由自在、开心快乐；从来不愿意作出承诺，希望拥有多种选择；讨厌无聊重复的事情或者空闲时间。他们的口头禅是"真好玩""太有趣了"。

1. 特点

（1）乐观，富有魅力，总是看到积极的一面。

（2）新奇，发现更多可能性和选择，有很多兴趣、爱好、有趣的计划。

（3）注重体验，过程比结果更重要。

（4）追求快乐，及时行乐。

（5）自我感觉良好。

（6）有创意，有独特、新颖的见解。

（7）不轻易承诺或无法坚守自己的承诺。

案例中的丙体现了乐观型人格类型的特点——追求快乐，总是看到积极的一面，用积极的想法来避免害怕。因此，丙想象会有美食和美酒，以此来避免面对老板而产生的畏惧感。

2. 闪光点

（1）乐观型的人对那些具有创造性的可能永远充满兴趣，经常带来新的想法，尝试新的可能。他们会是智囊团的策略提供者。

（2）他们总是善于发现事物美好的一面，擅长带动周围人的积极情绪。

（3）对于冒险性的计划充满兴趣和动力，他们愿意为有趣、有意义的目标而努力。

3. 改进完善指南

乐观型的人很典型的表现是不愿作出承诺，以及无法接受一个单调或有困难的工作，并且急于得到快乐。他们需要认识到自己对快乐的盲目追求，忽视了现实的痛苦，只看到积极的幻想或其他愉快的行为。

乐观型可以通过下列方式帮助自己：

（1）试着让自己看到年龄增长和成熟的价值，青春不是快乐的唯一本钱。

（2）认识到自己喜欢把事物美化、想象得比实际更好。在遇到困难时，为了避免痛苦的伤害，为自己虚构一个故事，得到虚幻的快乐，这种令人愉快的故事与现实有差距。要注意不要沉溺于表面的快乐，不要躲在自己的幻想中，放弃用虚假或者不成熟的故事取代深层次的情感体验，试着面对现实，直面痛苦。

（3）认识到自己总觉得高人一等，当良好的自我感觉遭到质疑时，自己会很害怕，会渴望重新获得良好的感觉。试着去发现他人评价和自我评价之间的差异，学会正确地评价自己。

（4）尝试去感受履行承诺后的快乐，试着舍弃还未实现的选择，生活在此刻，体会此刻真实的感受。

二、小结

以上三节内容，共介绍了九种人格类型，分别是完美型、领导型、和平型、助人型、高效型、自我型、分析型、怀疑型和乐观型，并详细介绍了每种人格类型的特点、闪光点以及改进完善指南。

同时，再强调一下注意事项：

1. 每个人都有一个主导人格，但是也会有其他人格的相关特点；虽然人格具有相对稳定性，但是又具有动态变化性，所以大家不要对号入座。

2. 每一种人格类型都有其独特的地方，也有其优点和缺点。这和优缺点是相对的，在一种场景下它可能是优点，但在另一种场景中，这种优点可能变成短板。这些优点和缺点共同组成了一个完整的独一无二的自己，因此，我们了解自己的人格类型的目的并不是要消灭自己的缺点，而是要学会去接纳拥有优点和缺点的完整的自己，并扬长避短地将优点和缺点发挥在适合的地方，从而更好地发展自我和适应社会。

三、思考及作业

首先，从九大人格类型中找到属于自己的主导人格类型及其他相关类型；其次，列出自己人格中你认为的优点，写出该优点在生活或者工作中是如何发挥作用的；最后，将你认为自己需要完善的部分记录下来，并根据自身总结出改进的方法。

案例分享

当乐观型领导碰上怀疑型员工会碰撞出什么火花？

一、案例描述

场景：一年一度的年会要开始了，这一次公司决定要举办一场空前盛大的年会，年会的项目策划与筹备工作交给了陈经理的团队负责。

下面是陈经理和团队成员小王的一段对话。

陈经理："天啊，太棒了！这次年会竟然交给我们的团队来负责，这一定会是一次非常有趣的经历。"

小王："万一办砸了会不会被辞退啊？我们一定要仔细规划一下。"

陈经理："怎么会呢？我相信我们团队成员的工作能力都是很强的，我们还可以访问其他多个年会现场，这简直像度假一样。"

小王："我们选择的场地靠谱吗？场地设备的安全性有没有保证？"

陈经理："我们访问别人的年会现场，也可以学习别人年会选址的技巧，一定没问题的。我们可以把这次会议办成一个主题party，娱乐节目方面，我们或许可以请一些歌手、舞蹈演员之类的。"

小王："这样的话我们还要联系很多不同的人和公司，工作量很大，而且我们认识的娱乐方面的资源很少，怕联系不上合适的人。"

陈经理："放心吧，暂时不要想那么多，只要我们用心，一切都会很顺利的。"

小王："陈经理，这个事情是很复杂的一个大项目，但是我觉得你好像把这个事情看得太简单了……"

二、案例分析

（一）双方冲突的原因

1. 从对话我们可以看出来，陈经理属于乐观型的人格，他像是天生的乐天派，在他眼里，什么事都不算事，他总是可以看到事情积极的一面，更喜欢冒险，以自己的兴趣为主，总是有很多的选择和新颖的想法。因此，当他知道要举办一场年会的时候，感觉任务有挑战性的同时也具有很多趣味性，并充满着期待，以此涌现出很多想法和计划，比如选场地、年会主题、联系参会人员等。

2. 小王属于怀疑型人格类型，他总是杞人忧天，感觉处处是风险。他总是做最坏的打算，对整个项目都抱着怀疑的态度，做事情严谨，喜欢所有的事情都先做好计划。所以在得知这个消息的时候，他会最先考虑到办砸了怎么办，一定要做好计划，避免失误，因此会对场地的安全性、联系娱乐资源等环节表示担忧。

3. 当怀疑型的小王遇上乐观型的陈经理，就像火星撞地球，出现非常多的思想碰撞。对于一向担忧和严谨的怀疑型的小王来说，乐观型的陈经理似乎把一切都想得过分美好和简单，他是非常不能理解陈经理的心理的。

（二）上述两种类型的人彼此该如何相处

1. 与乐观型的人相处

乐观型的人总是被各种想法所鼓舞，因此要接受他们积极的设想，并支持他们分享他们的好主意。

帮助他们把计划和实际资源联系到一起，包括人、时间和金钱等；特别在执行阶段，要督促他们把计划执行下去。

给他们足够的空间，好让他们找到自己的工作节奏。不要期望他们遵守既定的时间和办事程序，但是要让他们知道预期的结果和时间进度。

乐观型的人崇尚平等意识，不喜欢"命令和控制"，因此要试着去容忍他们的无方向感和组织架构的缺失。

2. 与怀疑型的人相处

支持他们一步一步来。怀疑型的人会设想最坏的结果并忧心忡忡，因此要帮助他们给自己的担忧设定一个界限，而不是勾画蓝图，比如可以说"如果有问题，只要一出现，我们就解决它"。

怀疑型的人喜欢一开始就做好计划，所以中途不要武断地更改规则和计划，如要改变，应提前给出信号，并给出充分的理由，让他们有足够的时间去适应，还要预想到他们可能会有一些抱怨和抵触的情绪。

他们对于不清楚的事情会显得恐惧，支持他们再三检查，当他们了解到更多信息时，才能获得信任感。

在受到他们质疑的时候，要保持友好的态度，允许他们表达心声，他们会提出很实际且尖刻的问题，但是请相信他们有解决复杂问题的能力。

（三）上述两种类型的人在与其他人交往时需要改进的地方

1. 作为乐观型的人，在和别人的相处中，需要注意的是：

（1）每次只专注一件事，冷静、严谨地去努力，遵守一定的纪律性，从而使想法变得更可行。

（2）大多数人要长期受益，都需要承受短期痛苦，所以要承受住"无聊"的过程。

（3）不要被兴奋冲昏了头脑，静下心来想想，期待值是否太高，哪些期待是现实的，而哪些期待是臆想出来的。

（4）多听听别人的想法，多关注现实，脚踏实地地进行下去。

2. 作为怀疑型的人，在和别人的相处中，需要注意的是：

（1）找一位信任的伙伴帮忙做现状检查，检验一下担忧是否必要。

（2）学会相信自己，相信他人。

（3）每一项任务都会面临阻碍，不要让客观的风险占据了全部的感知，专注于工作，避免卷入质疑中。

名句赏析　　自我接纳要求你不要试图变成理想中的那个人，而是给自己留出足够长的时间，找到自己真正的模样。

——《轻疗愈》

扫描领取 配套课程

● 第四节

发挥人格优势，助力职业生涯

一、职业生涯规划

"职业生涯规划"不仅仅是"职业规划"，更是把一个人的职业发展放到其人生的高度去进行整体规划的过程。通过对自我的了解，促进对职业本身的认识，职业的发展又对自我全面的发展形成一种良性推动。

二、人格类型与择业倾向

人格对职业有着非常重要的影响。每个人都有不同的个性风格，如果从事与自身人格特点不匹配的工作，个人的才能会受到阻碍，会让整个工作状态很"不对劲"；但如果从事与自身人格特点相匹配的工作，则能够在工作中发挥特有的能力，体验到更多的快乐。曾经使你在一种职业上大受挫折的人格特点，可能使你在另一种职业中大获成功。比如一个非常内向、说话结结巴巴的人，如果让他去做讲师或者销售，那他势必会很不适应；但如果让他去做图书管理员或者工厂员工这类工作，他或许能做得非常好。因此在职业选择中，我们应尽可能充分考虑自己的个性特征与职业要求是否相适应。

九大人格分别有着不同的内在渴望和内在恐惧，若能扬长避短，对自身资源进行合理的分配，把握人格择业倾向，从性格驱使的角度看，就能提高职场胜利的概率，打赢一场漂亮的职场生涯战。

（一）完美型

1. 适合的工作方向

（1）需要组织规划和细心对待的工作：教学、会计、财务、出纳、质检、程序员等。

（2）以礼相待、有法可依、有规可循的工作：警察、作家、导师等。

（3）制定并监督程序的工作：道德规范委员会、仲裁委员会、法官、裁判、律师等。

2. 不适合的工作方向

（1）具有风险性的工作：风险决策制定等。

（2）必须接受大量不同观点或允许不同观点存在的工作。

完美型人不擅长根据变化不定或者不完整的信息来制定决策，他们的决策必须建立在清晰明确的指导方针上。

（二）助人型

1. 适合的工作方向

（1）能给予他人协助、支持、服务或需要付出爱心的工作：助理、秘书、经纪人、教师、护士、福利慈善机构工作人员、心理咨询师等。

（2）展露个人魅力的工作：化妆师、歌舞团的演员或者个人色彩顾问等。

2. 不适合的工作方向

工作无法获得认可或赞同的工作：法官、纪检监察人员等。

（三）高效型

1. 适合的工作方向

（1）有挑战性、竞争性的，有发展前途并能为自己带来社会声望和社会形象的工作：经理、销售人员、传媒工作者、广告业者或者形象设计师等。

（2）把想法付诸实施的工作：包装、宣传、市场推广等。

2. 不适合的工作方向

（1）没有发展前途的工作。

（2）不能给他们带来声望的工作。

（3）与他们的社会形象不相符的工作。

（4）需要通过不断反省和尝试才能完成的创造性工作：小说家、严肃的艺术家等。

（四）自我型

1. 适合的工作方向

创造性、艺术性、思想性、自由而独特的工作：明星、作家、画家、诗人、摄影师、培训师、哲学家、心理顾问等。

2. 不适合的工作方向

（1）普通的、技术性的世俗工作。

（2）服务性、默默无闻的工作。

（3）无法表现他们才华的工作。

（五）分析型

1. 适合的工作方向

研究探索事物本质的人：数学家、化学家、哲学家、科研人员、实验员、程序员、股票分析师、心理学家等。

2. 不适合的工作方向

任何需要公开竞争或者直接接触人的工作：销售人员、公共政策讨论者等。

（六）怀疑型

1. 适合的工作方向

（1）等级分明的环境，责、权、利都一清二楚的工作岗位：警务工作等。

（2）怀疑型里面的恐惧症型喜欢没有竞争压力的工作，愿意躲在一个强大的领导后面工作，比如秘书。

（3）怀疑型里面的反恐惧症型则喜欢从事具有身体危险或者为被压迫者服务的工作，比如桥梁的维修员、商场战略家等。

2. 不适合的工作方向

（1）具有强大压力的工作。

（2）需要在毫无准备的情况下随机应变的工作。

（3）需要竞争、钩心斗角、人际关系复杂的工作。

（七）乐观型

1. 适合的工作方向

乐观型人适合不断变化的、快乐的、无约束的工作，他们往往是新模式的理论家，更是计划者、组织者和创意收集者。适合的工作：编辑、作家、美食家、诗人、旅行家、广告创意行业、娱乐行业等。

2. 不适合的工作方向

（1）可预料结果的工作：会计、工程师等。

（2）例行公事的：档案员、统计员、实验员等。

（八）领导型

1. 适合的工作方向

有强控制权、具有挑战性的工作：政治家、企业家、创业者、领导者等。

2. 不适合的工作方向

（1）需要良好表现和严格遵守规则的工作。

（2）容易被不可预知的力量所操控的工作环境。

（3）待遇不公的工作环境。

（九）和平型

1. 适合的工作方向

协调性和程序固定的工作：管理人员、办公室人员、公务员、调解人员、谈判专家、外交家、教师等。

2. 不适合的工作方向

（1）工作程序会随时变化的工作。

（2）一味强调理论，而不注重细节和结构的工作。

三、发挥人格优势，助力职业生涯

每一种人格类型都有适合和不适合的工作范围和方向，难道这就意味着我们只要选择了适合的工作就一定能干出一番事业吗？答案是不一定。首先，上面只是列举了一些有代表性的工作，每种人格类型适合的职业其实还有很多，不胜枚举。其次，虽然选择了合适的职业，但如果我们不为之付出努力，依然不可能获得成功。

人格类型与职业生涯的关系中，最重要的不是找到我们适合哪种工作，而是要知道我们为什么要选择某个职业，同时发现我们的人格类型与该职业之间的契合点，了解我们人格类型中的哪些因素在该职业中能发挥独特的作用。只有这样，我们才能真正地发挥人格优势，助力职业生涯。

我们以销售职业来举例。

说到销售这个职业，相信很多人的第一反应是高效型的人格最适合这个职业。那真的是这样吗？

高效型的人总是希望获得别人的仰慕和认可，注重外在成就感。他们认为要得到别人的认可和赞美，必须努力让自己变得出类拔萃，成为有能力、有效率、乐观积极的工作狂。在销售这样一个具有很大发挥空间的岗位上，他们自然冲劲十足，执行力强，所以他们销售业绩一般比较突出。由此看来，高效型的人确实是做销售的最佳人选。但另一方面，高效型的人过于注重实用性和功利性，可能会让客户感觉到他们喜欢虚张声势，不够真诚，而且高效型的人性格急躁、缺乏耐心，会在销售进程的某段时间内过度透支精力，不能保持动力的持续性，所以高效型的人一般在一个时间段内会有突出的成绩，也就是在冲击月度和年度业绩时的特殊时间段能成为得力的前锋。

高效型的人冲劲十足，而有的销售人员发挥比较稳定，这一类是怀疑型的人。与高效型的人相比，怀疑型的人会显得慢热，行动力低，但因其行事稳妥、踏实周到的性格特点，显得比较有韧性和耐性，后续销售业绩持续增长、势头可喜。然而他们又容易对销售目标过高感到"压力山大"，总是处于"不能完成目标"的害怕中，所以设定目标时通常比较保守，一旦超额完成，就会非常欣喜。成功的结果会促使怀疑型的人感受到内在的权威性，并更努力向下一目标迈进。

高效型和怀疑型都属于目标导向的挑战型的人，那性格温和的人适合做销售吗？我们来分析和平型的销售。和平型的人看起来比较淡定，不争不抢，不急不躁，这样的性格或许会导致销售成绩平平，但奇怪的是和平型的人和客户关系异常和谐，似乎有着奇妙的吸引力，吸引客户主动与他签单，而这一切都要归功于和平型的人感受他人、共情他人的能力很强。和平型的人虽然在签单新客户上开发能力欠佳，但是在维护老客户、促进长期合作以及大客户深度挖掘上的成绩不俗，适合"放长线钓大鱼"。

通过上述内容，我们可以知道职业并没有绝对的合适和不合适，只要找到人格与职业的契合点，每个人都可以做好工作。其中，最根本的是要深刻地了解自己，了解我们人格中哪些因素能在该职业上发挥独特的作用，同时了解哪些部分对该职业有阻碍，并思考有没有改善的方法。

四、小结

本节主要内容：

人格对职业的重要性；对不同人格类型适合的工作方向和不适合的工作方向给出了一些建议；发挥人格优势，助力职业生涯，最重要的不是选择什么样的职业，而是我们具体了解自己的人格特点，找到人格与职业的契合点，然后发挥人格优势特点，从而更好地打出一场漂亮的职业生涯战。

五、思考及作业

根据你的主导人格类型特点，列出可能适合的工作和不适合的工作；再列出那些能在现在的工作中更好地发挥作用的人格类型特点；最后，将你认为可能会阻碍现有工作的人格特点写出来，试着找出改善的方法。

【案例分享】

招聘中的人格特点与岗位匹配

一、案例描述

某公司要组织一次大型招聘活动，计划采用无领导小组讨论的考核形式，招聘管理人员、销售人员和研发人员三个岗位。本次的主题是荒岛求生，要求应聘者在几样工具中选出最有用的五个，小组讨论之后选出一个人发言。旁边会有 HR 观察大家的行为，并根据应聘者的表现安排适合的岗位。下面是对六位应聘者整个讨论过程的记录。

1号在讨论的开头打破了沉默的局面，说道："大家分别说一下自己的观点，然后由我作最后的总结。"同时，他在进行的过程中会努力提醒大家遵守他制定的流程，而他也是最终的发言人。

2号在别人发言的时候，没有认真听，只是一直在思考自己要发言的内容，但是发言内容很有创意，与众不同。

图1 讨论小组

3号说得最多的一句话就是："我感觉我们都应该只说重点，不要赘述，这样会比较省时间，有效率。"

4号在别人发言的时候一直在认真地听和记录大家讲话中的重点内容。

5号在每个人发言的时候都会追随发言人的目光，并频频点头表示同意，其间没有说什么，也不会打断别人。

6号总是推翻自己的选择，常常质疑自己选择的并不是最好的。

二、案例分析

通过上面的内容，我们可以帮助HR为三个岗位匹配人才。

1号具备领导型人格的特点，有控制欲，喜欢掌控流程，这样的人适合从事管理岗位，做领导者。

2号具备自我型人格的特点，重点在自己身上，比较有创造性，适合从事艺术类的工作。

3号具备高效型人格的特点，做事有效率，会把想法付诸实践，适合从事销售、宣传类的工作。

4号具备分析型人格的特点，比较喜欢分析，沉稳细心，喜欢探索事物的本质，比较适合从事科研、数学、化学等工作。

5号具备和平型人格的特点，他在工作中会化解冲突，避免冲突场景，适合做协调类的工作，比如教师、谈判专家等。

6号具备完美型人格的特点，对待工作很细心，精益求精，不断试错和完善工作内容，比较适合做出纳、质检、会计等工作。

通过上面的分析，可以帮HR选择出大概适合的人选：管理人员选择1号；销售人员可以选择3号；研发人员可以选择4号。

名句赏析　　没有人是完整的。所谓幸福，就是认清自己的限度并安分守己。

——罗曼·罗兰

● 本章知识拓展

心理测试——九型人格测试

一、测验介绍

　　九型人格测试按照人们习惯性的思维模式、情绪反应和行为习惯等特质，将人格分为九种——完美型、助人型、高效型、自我型、分析型、怀疑型、乐观型、领导型、和平型。

二、指导语

　　每一道题都包含了"是""否"两种选择，请仔细阅读，并依据你平时的一些行为习惯选择其中一项答案。对你认为符合你情况的陈述，请选择"是"，反之则选择"否"。

三、测试题目

　　1. 我很容易迷惑。

　　2. 我不想成为一个喜欢批评的人，但很难做到。

3. 我喜欢研究宇宙的道理、哲理。

4. 我很注意自己是否年轻，因为那是找乐子的本钱。

5. 我喜欢独立自主，一切都靠自己。

6. 当我有困难时，我会试着不让人知道。

7. 被人误解对我而言是一件十分痛苦的事。

8. 施舍比接受会给我更大的满足感。

9. 我常常设想最糟的结果而使自己陷入苦恼中。

10. 我常常试探或考验朋友、伴侣的忠诚。

11. 我看不起那些不像我一样坚强的人，有时我会用种种方式羞辱他们。

12. 身体上的舒适对我非常重要。

13. 我能触碰生活中的悲伤和不幸。

14. 别人不能完成他的分内事，会令我失望和愤怒。

15. 我时常拖延问题，不去解决。

16. 我喜欢戏剧性和多彩多姿的生活。

17. 我认为自己非常不完美。

18. 我对感官的需求特别强烈，喜欢美食、服装、身体的触觉刺激，并纵情享乐。

19. 当别人请教我一些问题时，我会巨细无遗地将问题分析得很清楚。

20. 我习惯推销自己，从不觉得难为情。

21. 有时我会放纵和做出僭越的事。

22. 帮助不到别人会让我觉得痛苦。

23. 我不喜欢人家问我广泛、笼统的问题。

24. 在某方面我有放纵的倾向（例如食物、药物等）。

25. 我宁愿适应别人，包括我的伴侣，而不会反抗他们。

26. 我最不喜欢的一件事就是虚伪。

27. 我知错能改，但由于执着好强，周围的人还是会感觉到压力。

28. 我常觉得很多事情都很好玩，很有趣，人生真是快乐。

29. 我有时很欣赏自己充满权威，有时又优柔寡断、依赖别人。

30. 我习惯付出多于接受。

31. 面对威胁时，我一是会变得焦虑，一是会对抗迎面而来的危险。

32. 我通常是等别人来接近我，而不是我去接近他们。

33. 我喜欢当主角，希望得到大家的注意。

34. 别人批评我，我也不会回应和辩解，因为我不想发生任何争执与冲突。

35. 我有时期待别人的指导，有时却忽略别人的忠告径直去做我想做的事。

36. 我经常忘记自己的需要。

37. 在重大危机中，我通常能克服我对自己的质疑与内心的焦虑。

38. 我是一个天生的推销员，说服别人对我来说是一件轻易的事。

39. 我不相信一个我一直都无法了解的人。

40. 我喜欢依惯例行事，不大喜欢改变。

41. 我很在乎家人，在家中表现得忠诚和包容。

42. 我被动而优柔寡断。

43. 我很有包容力，彬彬有礼，但跟人的感情互动不深。

44. 我沉默寡言，好像不会关心别人似的。

45. 当沉浸在工作或我擅长的领域时，别人会觉得我冷酷无情。

46. 我常常保持警觉。

47. 我不喜欢要对人尽义务的感觉。

48. 如果不能完美地表态，我宁愿不说。

49. 我的计划比我实际完成的还要多。

50. 我野心勃勃，喜欢挑战和登上高峰的体验。

51. 我倾向于独断专行并自己解决问题。

52. 我很多时候感到被遗弃。

53. 我常常表现出十分忧郁的样子，充满痛苦而且内向。

54. 初见陌生人时，我会表现得很冷漠、高傲。

55. 我的面部表情严肃而生硬。

56. 我很飘忽，常常不知自己下一刻想要什么。

57. 我常对自己挑剔，期望不断改正自己的缺点，以成为一个完美的人。

58. 我感受特别深刻，并怀疑那些总是很快乐的人。

59. 我做事有效率，也会找捷径，模仿力特别强。

60. 我讲理，重实用。

61. 我有很强的创造天分和想象力，喜欢将事情重新整合。

62. 我不要求得到太多的注意力。

63. 我喜欢每件事都井然有序，但别人会认为我过分执着。

64. 我渴望拥有完美的心灵伴侣。

65. 我常夸耀自己，对自己的能力十分有信心。

66. 如果周遭的人行为太过分，我准会让他难堪。

67. 我外向，精力充沛，喜欢不断追求成就，这使我自我感觉十分良好。

68. 我是一位忠实的朋友和伙伴。

69. 我知道如何让别人喜欢我。

70. 我很少看到别人的功劳和好处。

71. 我很容易知道别人的功劳和好处。

72. 我嫉妒心强，喜欢跟别人比较。

73. 我对别人做的事总是不放心，批评一番后，自己会动手再做。

74. 别人会说我常常戴着面具做人。

75. 有时我会激怒对方，引来莫名其妙的骂战，其实我是想试探对方爱不爱我。

76. 我会极力保护我所爱的人。

77. 我常常可以保持兴奋的情绪。

78. 我只喜欢与有趣的人交友，对一些令人索然无趣的人却懒得交往，即使他们看起来很有深度。

79. 我常往外跑，四处帮助别人。

80. 有时我会讲求效率而牺牲完美和原则。

81. 我似乎不太懂幽默，没有弹性。

82. 我待人热情而有耐性。

83. 在人群中我时常感到害羞和不安。

84. 我喜欢效率，讨厌拖泥带水。

85. 帮助别人达致快乐和成功是我重要的成就。

86. 付出时，别人若不欣然接纳，我便会有挫折感。

87. 我的肢体硬邦邦的，不习惯别人热情的付出。

88. 我对大部分的社交活动不太有兴趣，除非那是我熟识的和喜爱的人。

89. 很多时候我会有强烈的寂寞感。

90. 人们很乐意向我倾诉他们所遭遇的问题。

91. 我不但不会说甜言蜜语，而且别人会觉得我唠叨个不停。

92. 我常担心自由被剥夺，因此不爱作出承诺。

93. 我喜欢告诉别人我所做的事和所知的一切。

94. 我很容易认同别人所知的一切和为我所做的事。

95. 我要求光明正大，为此不惜与人发生冲突。

96. 我很有正义感，有时会支持不利的一方。

97. 我注重小节而效率不高。

98. 我感到沮丧和麻木更多于愤怒。

99. 我不喜欢那些具有侵略性或过度情绪化的人。

100. 我非常情绪化，一天的喜怒哀乐多变。

101. 我不想别人知道我的感受与想法，除非我告诉他们。

102. 我喜欢刺激和紧张的关系，而不是稳定和依赖的关系。

103. 我很少用心去感受别人的心情，只喜欢说说俏皮话和笑话。

104. 我是循规蹈矩的人，秩序对我十分有意义。

105. 我很难找到一种我真正感到被爱的关系。

106.假如我想要结束一段关系，我不是直接告诉对方就是激怒他来让他离开我。

107.我温和平静，不自夸，不爱与人竞争。

108.我有时善良可爱，有时又粗野暴躁，很难捉摸。

四、计分方式

每一题选择"是"得1分，选择"否"得0分。比如第1题选择"是"，那么第1题就得1分。

统计所选择的选项，按下列分组归类。

完美型：2、14、55、57、60、63、73、81、87、91、97、102、104、106。

助人型：6、8、22、30、69、71、79、82、85、86、89、90。

高效型：20、33、38、59、65、67、70、72、74、77、80、93。

自我型：7、13、16、18、21、52、53、54、56、58、61、64、100、105。

分析型：3、19、23、32、42、43、47、48、51、83、88、99、101。

怀疑型：9、10、26、29、31、35、37、45、46、68、75。

乐观型：4、16、18、21、28、49、78、92、103。

领导型：5、11、24、27、40、44、50、66、76、78、84、92。

和平型：1、12、15、25、34、36、39、41、62、94、98、107、108。

比较每种类型的得分，得分最高的那一型就是你的主导人格类型。

第二章

觉察童年创伤，溯源原生家庭

【摘要】

弗洛伊德说："人的创伤经历，特别是童年的创伤经历，对人的一生都有重要影响。"本章将带领我们觉察童年创伤，剖析童年创伤背后的原因，了解童年创伤影响我们的途径，学习正确看待原生家庭，学习摆脱童年创伤影响的方法。

【学习目标】

1. 回溯童年，觉察童年创伤。

2. 走出创伤，获得良好人际关系。

3. 发掘内心的正能量，习得创伤疗愈方法，增强心理免疫力。

● 第一节

家庭对我们动了手——觉察童年创伤

一、什么是原生家庭

原生家庭，是指我们结婚之前所在的家庭，也就是我们从小到大的生活环境。原生家庭构建了我们的人格基础，包括安全感、主动性、人际关系模式等。

二、了解原生家庭及童年创伤的意义

正如弗洛伊德所说："人的创伤经历，特别是童年的创伤经历，对人的一生都有重要影响。"通过觉察童年创伤，剖析童年创伤背后的原因，学习摆脱童年创伤的方法，我们就能够找到自愈的力量。所以我们说，原生家庭是我们在自我成长与疗愈的过程中，不可避免地会触碰到的一个重要领域；或者说，只有更好地认识到我们从原生家庭中承袭来的创伤，深刻地体察它们，发现它们对我们人生的影响，才能最终跨越创伤，帮助我们获得突破与重生。

那么，成长中的哪些经历属于创伤经历？有什么方法能帮助我们觉察创伤？发现了这些创伤，我们又该怎么做呢？这一节我们就将从上述几个方面入手，觉察我们成长经历中，那些隐隐作痛的童年创伤。

三、童年创伤影响现在的原因

【案例】

田女士是一位32岁的职业白领。她在传媒行业工作多年，收入颇丰，自信独立，是朋友眼中的"女强人"。田女士有一位相处多年的男朋友，两个人的感情也比较稳定。尽管到了结婚的年龄，家里也催促了很多次，但田女士始终不想结婚。

在和田女士深入沟通后，我发现了田女士不想结婚的原因。其实田女士不是不想结婚，而是"不敢结婚"。她说她对男朋友的感受是矛盾的：一方面，她能感受到男朋友对她的爱；但另一方面，她总是感觉男朋友对她的重视度远远不够，就好像她想要的是一个海洋，而男朋友给予的重视只是刚能解渴而已。正是带着这样的矛盾心理和对被重视的热切渴望，田女士不敢走向婚姻。她处在纠结的边缘，既不想分手，也不敢结婚，好像被卡住了，动弹不得。

在随后的交谈中，我问田女士：这种"不被重视的感受"熟悉吗？从这种"不受重视的感受"中你能联想到什么？她很快便发现了非常重要的一点——她的妈妈不重视她。她说家中重男轻女，她从小就不受重视。妈妈经常记不住答应过她的事情，而她如果因此发脾气，还会受到妈妈的责备，好像她根本就不应该为此生气。即便到了成年，也仍然是这种状态，妈妈对女儿的事常常记不住。有一次，田女士告诉妈妈明天出差，但妈妈在第二天的通话中却露出吃惊的语气："啊，你出差了！"她似乎根本不知道这回事。田女士说，这样的事情还有很多，不胜枚举。说到这里，她默默地低下了头，流下了委屈的泪水。

是的，童年创伤就是这样，用一种表面上看不到的方式影响着我们对生活的选择。一个看似和成长经历没什么关系的现状，正是来自于原生家庭的童年创伤经历影响至深的结果和呈现。

故事讲到这里，大家是否对童年创伤与现实影响的关系看得更清楚了？我们可以这样概括田女士的经历：由于在原生家庭中常常受到"忽视"，这种"忽视"累积成创伤，使得田女士格外渴望"被重视"；带着这样的心理渴求，田女士对男朋友给予自己重视的心理需要就变得格外强烈和巨大，正像她自己描述的那样，她需要的重视是一个海洋。

这种原来对"妈妈重视自己"的渴望，转移到当下的对象——男朋友身上，从心理学的角度来解释，就叫作"移情"。正是移情的机制，使得原生家庭中的成长创伤始终在影响我们的人生。

很多人都带着这样的心理机制在生活。区别在于，有的人经过觉察创伤，发现了童年经历对自己的影响，从而摆脱影响，重新选择生活，这是一种有意识的行为；但更多的人，则始终都无法发现自己处在何种影响之下，缺乏觉察力，任由童年创伤在无意识领域中支配着自己人生中的许多重要决定。

四、如何觉察童年创伤

案例中田女士对"重视"的极度渴求，便可以被看作是由于受到"忽视"而形成的童年创伤了。为什么这么说呢？因为"重视"这个点，对田女士来说很重要、很纠结，同时也一直在影响她的决策能力。那我们可以怎样觉察童年创伤呢？

（一）发现令你格外别扭、不舒服并经常影响你的部分

比如，有的人看不惯"舌灿莲花"的人，看到这样的人就讨厌得厉害。如果客户是这类人，那宁可不和他做生意；如果单位领导是这样的人，那恨不得赶快换工作；如果生活中有朋友同学是这样的人，那简直完全不能和他们愉快地相处。总之，遇到这样的人就是两个反应：一是烦，二是躲。

我们可以看到，"舌灿莲花"是会让人格外不舒服的部分，由此而产生的负面感受会影响到一个人的工作和社交等各方面。也因此，"舌灿莲花"这让人不舒服的部分就对这个人有着特殊的意义，顺着它深入下去，那个"创伤点"就会浮现出来。

（二）发现会让你回避的部分

有些话题、有些场景、有些人、有些事……或许这一切中都有对你来说是不能提及的部分，因此你会经常回避它们，而它们的背后往往都藏着"创伤"。也许你对如何面对它们还没有做好充分的准备，所以会有意无意地回避，希望它们不要出现在自己的生活中。

如果出现了上述这些想要回避的情境，我们先不着急去面对和解决。如果可以的话，建议大家先留意一下自己经常会回避什么、回避哪些部分，然后找个本子把它们记录下来。先做到能发现它们，就已经很棒了。

五、觉察到了创伤，该如何处理

上面我们了解了通过哪些点来觉察童年创伤，接下来，我们一起看一下，在觉察到了创伤后，我们应该如何处理。

我们再回到之前的案例中：当田女士觉察到自己极度渴望重视的心理需求，与成长中母亲对自己"忽视"的创伤息息相关，田女士会对这个发现作何反应呢？

第一种反应：埋怨母亲，生母亲的气。认为都是母亲对自己的忽视才导致了现在的问题。

第二种反应："合理化"母亲的做法。也就是找到一些说法和理由，让自己能够合理地接受母亲忽视自己的行为。比如，她会说："我妈还是很爱我的，她读书少，她在家里也不受姥姥姥爷的重视，姥姥姥爷就看重舅舅，所以她的这些做法我也能够理解。"

第三种反应：陷入"无能为力"的感受中。感觉自己很倒霉，怎么就成长在这样的家庭中，对于改变母亲、改变现状都无能为力，无计可施，同时深感委屈伤心。

第四种反应：接受现实，面对现实。田女士认识到了自己的成长经历，也看到了自己对男朋友的要求是受到过往经历的较大影响，于是决定降低对男朋友"如海洋般"重视的要求，更为客观地了解对方，更为理性地看待双方的爱情与婚姻。

以上田女士的这些反应，也是当我们觉察到了自己童年创伤后可能会产生的反应。但它们不会同时出现，而是会交替往复。某一段时间，我们可能体验到对原生家庭或者父母的气愤；但过段时间，我们又会合理化他们的做法；有时，我们会感觉自己没办法改变，但过几天，我们又可能会升腾出一种内在的力量感。

所有的感受和想法，我们都不要拒绝，也不要排斥，而是等待它们自然而然地出现，这就是关键——"觉察"。但是，对上述的前三个反应，我们做到觉察即可，而不要将其发展成为行为，从而产生不良结果。也就是说，我们感受到了自己对家人的气愤，但不能让这种"负面感受"驱动自己，做出某些不良行为，比如跑回家里和父母理论、吵闹，埋怨父母、埋怨原生家庭，这并不是我们觉察创伤的初衷。我们要培养一种能力，将自己的感受与行为区分开。父母的忽视会令我们生气，这是人之常情，但不因此做出过激或伤害性的行为，这是我们的理性和选择，也充分体现了我们人性深处爱的能力。

所以，我们需要在自己可控的范围内，让创伤得以呈现，这个呈现的过程就是"意识"的过程。当创伤到达意识层面，它才可能不再发挥作用，这是我们跨越创伤的第一步。

六、小结

本节首先讨论了原生家庭中成长经历的重要性以及童年创伤会不知不觉地影响我们的人生轨迹。

随后分享了通过两个部分可以帮助我们觉察童年创伤：一个是让我们觉得格外不舒服、看不惯，同时又影响较大的部分；另一个是我们常常回避的场景、话题、人和事，它们的背后可能都藏着我们的"童年创伤"。

最后，我们讨论了觉察创伤后的做法，那就是区分感受和行为，在可控范围内让创伤呈现，为我们跨越创伤做好准备。

七、思考及作业

结合觉察童年创伤部分的内容，发现那些你格外看不惯、不舒服或敏感的部分，思考是否可能是对陌生环境的不自在，或者是生活中的哪类人的哪些表现会让你感到明显的压迫感。

案例分享

关于回电话的争论

一、案例描述

教育孩子是每一个家长都很头疼的事情，因此家长经常会在教育理念上出现分歧。妻子小萍和丈夫小林就总会因为这个事情吵架，他们对孩子的看法大相径庭。

妻子小萍认为儿子懂事、听话，和老师同学们的关系也不错。丈夫小林觉得儿子缺少闯劲儿，不爱和同学们玩，总喜欢待在家里。有一次，因为儿子没有及时给老师回电话，夫妻两人又争论了起来。

妻子："昨天晚上因为睡着了，我也没忍心叫他起来，就没回电话。"

丈夫："你就应该叫醒他，让他回电话。"

妻子："我觉得老师找他也没什么重要的事，否则就接着打了。再说，现在是暑假期间，能有什么要紧的事。"

丈夫："暑假期间老师的电话也得回啊。他不回电话，老师能对他有好印象吗？学校的事，老师的事，咱们得积极，要不就不受重视了。"

妻子："哪里不受重视了！我看他在学校和老师同学们的关系都挺好的！"

丈夫："那是你这么觉得，我看他都不怎么去和同学玩，不爱参加集体活动，要是关系好能不去参加吗？"

妻子："说来说去，你就是觉得我的教育没做好呗！电话也没让他回，在学校也不受重视。"

丈夫："每次一聊到孩子的问题，你就这么说，我不是这个意思。"

妻子："我是个全职妈妈，带好孩子就是我最大的责任。你觉得儿子这不好那不好，就好像是在说我做得不好一样，让我感觉自己特别没有价值，好像我的一切努力都白费了。我特别不愿意听到你说儿子不好，提到这些就好像是戳到了我的痛处一样。"

丈夫："你是太担心自己犯错误了。"

妻子："是的，我记得小时候，我妈对我的要求很苛刻。我从小就战战兢兢，生怕出一点错。有一次，她让我在楼下好好看着晾晒的被单，我光顾着跳绳，就没留意，结果被单被别人拿走了，吓得我不敢回家。后来妈妈果然劈头盖脸地把我说了一通，说我这点小事都干不好，还能干什么！我就感觉自己特别无能，也特别怕做错事情。"

丈夫："其实我并不是指责你做得不对。"

妻子："现在想想我可能是受到小时候经历的影响，有时候会很敏感，听到别人对我做的事情有不同意见时，我都会感觉像在说我做得不对。"

丈夫："好在我们聊了聊，好像发现了问题的原因。"

二、案例分析

（一）对于童年创伤的觉察

在这个案例中，夫妻双方似乎都各有道理。但我们也会感到奇怪，只是一个是否回电话的问题，怎么会引起一场争执呢？看到案例的最后，我们便可得知，表面上看，夫妻两个人是在争执回电话的事，但实际上，是妻子害怕被指责自己有错误，因为她一直有"犯错会让自己感觉到无能"的认知。正是童年经历导致了她对犯错的恐惧感，因此她极力想在丈夫面前证明自己对孩子的教育是成功的。

关于对童年创伤的觉察，妻子口中的"好像是戳到了我的痛处一样"是触发点。"有时候会很敏感，听到别人对我做的事情有不同意见时，我都会感觉像在说我做得不对"，这是让妻子敏感、不愿提及和不想接受的部分。

（二）如何觉察创伤点

1. 发现那些让你格外敏感、不愿提及或回避的部分，以及别人令你格外别扭、不舒服并经常影响你的部分。

2. 这些可能都是你的创伤点。

比如案例中妻子格外敏感、不愿提及、想回避的部分是怕被别人挑错，怕别人对自己的观点有意见。

3. 具体描述这个点带给你的感受。

案例中的妻子会因为别人对自己有意见而产生伤心、生气等感受。

4. 顺着这个点回忆一下生活中是否有类似的感受，以及回忆这种感受出现在哪些情境中。

案例中的妻子回忆起了自己在教育孩子时的不容易，但是没有得到丈夫的体谅，觉得丈夫只会挑自己的问题和毛病。

5. 这个点能让你联想到什么？

顺着这个点，妻子联想到了自己的母亲对自己非常严格。

6. 是否能回忆起童年的一些经历？

妻子顺着这个点想起来了童年时候因为一个小失误被母亲训斥的场景。

7. 顺着这个思路，基本上就可以顺藤摸瓜，找到创伤原点了。

最后在这个思路之下，妻子发现，自己现在总是怕别人有异议、被人挑错，是受了童年时母亲严厉的管教以及对犯错后被母亲训斥的恐惧的影响。

> **名句赏析**　　一个人毕其一生的努力就是在整合他自童年时代起就已形成的性格。
>
> ——荣格

扫描领取 配套课程

第二节
童年创伤是如何影响我们的

本节将解读童年创伤是如何隐藏在我们的生活中，以及如何对我们的认知模式、决策模式和人际模式产生影响。

【案例】

李先生是一个让身边同事、朋友，还有家人都"很着急"的人。为什么这么说呢？据他身边的人讲述，和李先生沟通是件很费劲的事，因为他几乎从不主动、直接表达自己的真实意愿，总是要对方追问，他才以委婉、间接，甚至是发脾气的方式向对方表达，而对方也总要经过一番猜测和确认，才有可能了解李先生的真实想法和意图。

如果李先生希望妻子帮他订午餐，他会先等着妻子主动问他，实在等不到了，他会间接向妻子询问："你中午吃饭了吗？吃的什么？"又或者是说："哎，忙了一上午，还没顾得上吃饭呢！"妻子则凭借对他的了解，主动提出帮他订餐。而在工作中，李先生的公司和另一家公司因为账款问题发生了纠纷，几个月内，他前后委托了几家律师事务所，也没能顺利解决问题。在这期间，李先生从未主动向公司的股东说明事情的进展，这一表现让股东们对李先生的工作态度和能力产生了严重的质疑，也影响了他在公司的业务发展。

一、童年创伤存在于隐蔽处

如果把李先生的人际关系的线索横向展开，我们能够很自然地发现，李先生在人际交往中的模式是被动的，主要体现在与家人、朋友、领导、同事的各种关系中，以及大部分场景下。当我询问李先生为什么会呈现如此被动的关系模式时，他吃惊地反问道："我是这样的吗？"稍作思考之后，接着说："你不问我还真没觉得，你说了我感觉确实是这么回事。"

通过这个过程相信我们可以发现，李先生的这种"在人际关系中，习惯性地保持被动的模式"是如此地隐蔽，隐蔽到当事人都不曾对其觉察。这种模式，我们称之为"惯常模式"，指的是那些我们已经习惯了，不经过特别的留意和觉察，我们根本发现不了它们存在的反应方式。这个过程有点像我们学习开车，在驾驶技术还不熟练的时候，需要特别留意每一个动作和细节，久而久之，当我们得心应手后，就不必全神贯注了。因为足够熟练，驾驶的过程和细节已经存储在我们的记忆深处。对这一过程的形容是：当我们"习以为常"后，便"不知不觉"地适应了这种状态。

那么这种"惯常模式"是如何形成的呢？答案就是童年经历或童年创伤。简单地说就是，童年经历或创伤形成了我们的反应方式，当反应方式积累得足够多，就形成了"惯常模式"，而这种惯常模式又很难被觉察到。那么因为童年创伤形成的"惯常模式"是通过哪些层面影响我们的呢？

二、童年创伤带来的影响

（一）影响我们的认知模式

童年创伤会影响我们的观念，对事情的看法、态度和价值观。这些都是一个人的认知体系的重要构成因素。

当李先生的积极主动被创伤性地打压，会形成哪些观念？我们分别梳理一下。

1. 可能形成的观念

（1）做出成绩是应该的。

（2）一个人应该低调做事，不要高调宣扬。

（3）炫耀是错误的。

2. 自我方面的观念

（1）我不值得被夸奖。

（2）我做得还不够好。

3. 面对事情的态度

（1）看到积极主动表达的人，会觉得他们在炫耀，很看不惯这些人（这也是我们之前提到的那些格外看不惯的点）。

（2）对下属的工作成绩视而不见，认为都是应该做到的，没什么大不了，从不表扬。

4. 形成的价值观念

（1）即使被人误解，也要保持低调（误解总比羞愧好，这也是面对股东的误会，李先生也不主动沟通的原因）。

（2）低调的人才值得欣赏。

以上是童年创伤对我们认知模式产生影响的一些具体表现。对于李先生而言，影响还远不止于此。要知道，我们每天产生的想法有上万条，其中大量的想法因为已经根深蒂固，甚至发现不了它们的存在；同时，我们的大脑是一个巨大的神经网络，各个想法之间相互连接、共同作用，彼此之间有着不同程度的联系。所以，我们说童年创伤的存在非常隐蔽，需要我们不断地去觉察、去发现，才能最有效地降低创伤对我们的影响程度。

（二）影响我们的决策模式

我们是如何作出决策？可以简单地概括为三种模式：一是感性决策，二是理性决策，三是感性理性兼具进行决策。

比如，有一件衣服你实在是太喜欢了，什么也不想就买了回来，之后才发现根本没有什么场合和机会穿，花了不少钱，结果衣服只能观赏。这就是感性决策。

同样是买衣服，喜欢与否根本不在考量的范围内，对衣服选择的优先次序是用途及价格合理。这是理性决策。

再者，依旧是买衣服的场景，但这次购买的衣服是工作场合穿的，因此还是需要买件自己喜欢的，同时价格也是能接受的。这是感性理性兼具的决策方式。

最佳的决策是灵活的，而且能够帮我们获得最大的效益。哪些事情可以凭感觉决定，哪些可以凭理性，而哪些决策则需要平衡理性和感性，决策的形成以及需要参考哪些要素应该是在我们的意识控制之下的。也就是说，决策是我们的意识选择，而不是由那些我们不知情的"创伤"决定的。

在李先生的案例中，与股东交流公司遭遇纠纷的事件上，他的行为就是由"创伤"驱动的。对主动表达的恐惧心理，让他无法主动积极地沟通并采取措施，关闭了"理性"决策的大门，这就是受童年创伤影响的典型情境了。

（三）影响我们的人际模式

人际模式，也就是我们与人交往的方式。比如，有的人被动，正像案例中的李先先；有的人体贴周到，处处为对方着想；有的人热情主动；还有的人强势霸道……这些都是我们与他人交往时，能感受到的对方的状态。

童年创伤对人际模式的影响，相信大家在李先生的身上已经看得很明显了。在李先生的成长过程中，积极主动、勇于表达是不被鼓励的，甚至是被鄙视的。我记得他曾讲述过这样一段经历：在上小学的时候，有一次学校组织科技竞赛，他用家里废旧的纸盒做了一个简易电视机，还用彩笔画出了电视机的轮廓和节目。当他兴高采烈地和妈妈分享这一"成果"时，妈妈却带着鄙夷的神情对他说了句："瞧把你能的！你怎么不上天呢！"这样的神情和话语深深地刺痛了他的心灵，他低下了头，感到"很丢人"。他还补充道，到现在都认为没有什么成绩是值得炫耀的，所做的事情都是应该的。

这也形成了李先生从不主动表达自己的交往模式，因为他的体验是主动表达即等于羞愧。最初的积极主动由于受到了"创伤性"地打击，从而变成了"消极被动"；

消极被动又经过了成年累月的巩固，形成了李先生惯常的、牢固的人际关系模式。

不经过觉察，这些创伤会始终影响一个人生活和事业的各个层面。有时，我们可能感觉生活不顺，事业受挫，过得很疲惫，没有价值感，周围的人也对我们漠不关心……在未觉察到自己"消极被动"的人际模式前，李先生也是这样评价自己的人生的。其实，是童年时的创伤经历令他产生了对"积极主动"的不良感受，久而久之惯常地形成了对自己、对他人、对生活和整个世界的认识，以及他那处处闪躲的人际交往模式……也可以说，是这些因素共同促成了李先生当下的生活现状。

三、小结

童年创伤的影响不仅至深至远，而且还是非常隐蔽的。本节在三个层面上，对童年创伤的影响进行了分解。

首先，童年创伤影响认知模式，包括观点、态度、价值观。童年创伤也是一个人生活的基本信念部分，我们如何评价自己、如何理解他人、如何认识事物、如何感受世界，都受此影响。

其次，童年创伤影响决策模式，它会让我们时而"忘记"理性，凭借创伤驱动，给我们的生活和工作带来不利影响。

最后，童年创伤影响人际模式，我们面对他人时的表现，其实是在童年时就决定了的。

四、思考及作业

用自己觉察到的"童年创伤的点"，从认知模式、决策模式及人际模式来分析这个创伤点是如何影响自己的。

1. 你的"童年创伤的点"是什么？

2. 你对自己、对人、对事、对生活的观念和态度是什么？它们和这个创伤有关联吗？

3. 你是否做过一些自己都想不明白的决定？这些决定和这个创伤有关吗？

4. 你现在的人际交往模式是什么样的？和这个创伤点有关系吗？

可以尝试从上述的一个或几个方面进行分析，看看那些创伤是如何影响你的。

案例分享

为何我总是得不到相同的回报？

一、案例描述

张女士是一个对待家人、朋友都特别热情的人。别人有事她都全力帮忙，出钱出力，忙前跑后。但是令张女士苦恼的是，为什么她的付出总是得不到对方同样的回报。在她看来，如果以打分的形式，那么她对别人的付出是10分，而别人对她的回报却只有3分或4分。这让她产生了巨大的心理落差，并且百思不得其解，感叹人情冷暖。

有一次她去朋友家聚会，一同去的还有其他六七个朋友，唯独她买了很多熟食和干果。到了朋友家，张女士主动给大家包饺子，吃完饭后还帮着刷碗、收拾垃圾等。她还给当天参加聚会的每位朋友都准备了一个小礼物，可谓是体贴入微。一天聚会过后，虽然很累，但张女士感觉很开心。

过了几个月，轮到她请朋友们来自己家做客。朋友们如约而至，张女士同样准备了不少零食、水果、点心，用心给朋友做饭，生怕照顾不周，忙前忙后辛苦了一天，而朋友们吃完饭玩完游戏就走了。朋友们走后，她看着一片狼藉的屋子，不禁觉得心寒。她觉得，自己去朋友家帮忙收拾，但朋友们吃完饭就走人了，竟然没有人帮忙收拾碗筷。她的心里十分不舒服。

这种"自我付出，收获甚微"的感受，几乎涵盖了张女士全部的人际关系。她总是在思索这些问题："为什么别人就不能像我对待他们那样对待我呢？""如果有人对我是100%，那我的回报必定超过100%，得对人家有更多的回馈才对啊？""为什么就遇不到一个这样的好人呢？"

张女士有两个哥哥、一个姐姐，她是家中最小的女儿。由于妈妈喜欢儿子，两个哥哥很受宠爱；她的姐姐因为学习好，性格也随和，颇得爸爸的喜爱。张女士说，自己从小就是姥姥不疼舅舅不爱的那个人，如果不付出、不卖力干活就得不到关注。她很小就能独立地帮家里做很多事情，奶奶生病住院，不到20岁的她守在医院三个月，照顾老人直至出院；而平时家里有需要出力的事，都是她在张罗忙活。

二、案例分析

（一）分析原因

张女士在原生家庭中受到过"忽视之伤"，这种童年创伤由于始终没有被觉察和修复，也因此一直在影响着张女士的生活和人际关系，也是她认为"自己总是得不到相同回报"的重要原因。

（二）童年创伤带来的影响

根据前文内容，我们知道童年创伤对认知结构、决策以及人际模式都有着重要影响，这些同样在张女士的身上有所体现。

1. 童年创伤对认知结构的影响

不难看出，张女士有着很多错误的认知。比如"别人应该像我对待他们那样对待我"，显然这个观念是导致她痛苦的原因之一。

另外，"不付出、不卖力干活就得不到关注"是张女士对自我的错误认知。

2. 童年创伤对决策的影响

比如，她始终强调"自己要100%对别人好"这种感性层面的想法。张女士不太会从理性层面去思考她的朋友是属于泛泛之交还是深交好友，也不太会判断朋友是处于困境还是礼尚往来，始终执行着"童年创伤"指引下的"无觉察的感性层面的决策"。

3. 童年创伤对人际模式的影响

生活中，遇到几个"只想着占便宜，却吝啬于对他人付出"的人，那是正常的；但如果"这类人"在一个人的生活中频繁出现，就像案例中的张女士那样，他就会认为周围几乎全是这样的人。至此，我们就需要警觉一下了，很可能问题并不是出在别人身上，而是出在我们自己身上。

张女士的案例中，我们能够看到她的人际模式是先"自己付出"，之后"期待别人相同的回报"，继而"得不到又受伤失望"。她对待任何人任何事，都是以自己的关系模式出发，很少辨别情境，或者根据不同的对象、双方的关系和事件的性质等，灵活地选择与他人相处的方式。为什么会这样呢？这就是童年创伤对其人际模式产生的影响。

> **名句赏析**
>
> 成功的家庭教育来自于父母对孩子的深入了解，接受和尊重孩子，而不是揭孩子的短。
>
> ——吕斌

● 第三节
如何正确看待原生家庭

原生家庭需要为童年创伤负全部责任吗？原生家庭的负面经历一定会成为童年创伤吗？除了创伤，原生家庭还赋予了我们哪些特质呢？本节将一一解析这些问题。

一、原生家庭是否为童年创伤背了锅

之前的两节分享了童年创伤的一些不良影响，说到创伤是在原生家庭中形成的，你是否隐约会有这些想法："为什么我会出生在给我带来创伤的家庭？""为什么妈妈就不能对我多一点温柔和理解？""都是父母的错，都是他们养育的过错导致了我的今天！"……

如果大家有这些想法，都是可以理解的，这似乎是每一个人在与原生家庭达成和解之前的必经之路。之前的内容提到过在觉察到童年创伤之后，我们有可能会对原生家庭产生愤怒和埋怨，所以建议每个人先觉察自己的这种感受和想法，但不要做一些指责、埋怨父母的行为。那么，童年创伤全部是原生家庭的错吗？让我们来看下面的家庭。

家中的一对兄弟，年纪相差 2 岁，生长环境也几乎相近：一样在父母身边长大，一样的经济条件，相同的时代，甚至是上同一所幼儿园和学校。当他们长大后，他们的性格特点会一样吗？如果曾经遭遇过相似的创伤经历，比如不被父亲认可，那他们的成长轨迹或人格特质会是相似的吗？

即便不深入思考，我们也会知道"世界上没有相同的两片叶子"，同样地，世界上也不会有两个相同的人。所以，即便是遭遇了相似的童年创伤，这种经历对每个人的影响和意义也是不尽相同的。这就好像有些人遇到挑战会退缩害怕，而有些人遇到挑战则会兴奋地迎难而上；有些幼年时曾被抛弃的人，成年后怨天尤人，生活得死气沉沉，处处埋怨人生不公，但另一些有同样遭遇的人，不仅能够开创自己的事业天地，还定期捐款捐物到社会福利院，义务帮助那些与自己有同样经历的孤儿。

因此，我们现在的生活状态以及人生态度，并不完全是由童年创伤决定的，那些"今天的不如意就是因为童年创伤，而导致童年创伤的原因就是原生家庭"的想法，是片面且不能完全成立的。

我们要客观地看待原生家庭与童年创伤的关系，原生家庭并不是童年创伤的唯一原因，不要让父母为自己当下的生活现状全部背锅。

二、原生家庭给予我们的经历

上文提到的那对兄弟，他们都不被父亲认可，父亲觉得哥哥缺乏长兄如父的责任心和承担力，觉得弟弟性格内向、木讷、不爱沟通。兄弟两人都不是父亲心中的理想儿子。

带着父亲的评价，兄弟二人逐渐长大，进入社会。哥哥的工作能力很强，专业技术也过硬，单位领导几次找到哥哥，希望他担任技术指导的工作，但都被哥哥婉拒。他拒绝的理由是，觉得自己没有带领团队的能力。弟弟则选择在互联网公司任项目经理，每天要对接无数的人和事，同时还要承担很多外部资源的对接工作，比如游戏开发公司、购物网站、信息平台的协同工作。

同样是面对父亲的不认可和评价，我们可以看到兄弟俩成年后的性格和行为是如此地不同。在责任心和承担力方面，哥哥认同了父亲的评价，就是"爸爸认为我是个责任心、承担力不够的人，我同意他的看法，我也是这么认为的"。于是，面对领导的提拔，哥哥不敢承担，因为成为一名技术指导，这将违背他对自己"责任心、承担力不足"的认知。那些与自我定义不符的事情，我们通常都会避开，因为在内心深处，我们认为"那不是自己"。

而被父亲评价为内向、木讷的弟弟，却能成为一个有能力协调各方资源的、高效的项目经理。由此看来，弟弟对于父亲的评价和看法并未相信认同，甚至将其变为一种自我突破的动力。

这也向我们揭示了一个心理运作机制，即任何观念能够起作用的前提是我们自己相信了这个观念。具体解释就是，哥哥是因为相信了父亲对自己的评价，形成了一个"自己是无法负责"的自我认知，才会在工作中有退缩的表现；相反，父亲对弟弟的看法并未得到弟弟的认同，所以弟弟能够不受评价的束缚，发挥自我的最佳潜能。

原生家庭，给予我们的只是一份经历，这段经历可能发展成为创伤，例如案例中的哥哥，但也有可能发展成为前进的动力，正像案例中的弟弟。我们的人格形成是一个非常复杂的过程，是许多因素共同作用的结果。相较于相信原生家庭是童年创伤的制造者，如何理解和解读童年经历才更为重要，也正是通过这种解读，我们才为自己的人生赋予了意义。即便我们当下对于这段经历的解读是创伤，但我们仍有可能通过觉察和自省，为这段经历重新寻找积极的意义。

三、原生家庭给予我们的独特性

每个人当下的样子都由两个方面决定：一个方面是天生具备的，另一个方面是后天养成的。与生俱来的部分让我们拥有独特的 DNA，因此，我们每个人也都拥有独特的个人气质。

先来解释一下什么是气质。和我们平时理解的外在气质不同，心理学上的气质是指心理活动表现在强度、速度、稳定性和灵活性等方面的心理特征。我们通常也把气质称为脾气、秉性或性情。比如，脾气暴躁或性情温和，急性子或慢性子，情绪冲动或稳定，以及一个人的特性是富于变化还是难以适应改变。

常能听到朋友说"对，我脾气急躁就是随我妈""我爸就是优柔寡断，所以我也是这个性格"之类的话，假设这样的说法正确，我们既然能继承家庭基因中的缺点，那我们是不是也同样能继承父母骨子里的优点呢？你是否思考过，你承袭了脾气急躁的妈妈的哪些优点，又承袭了优柔寡断的爸爸的哪些优点呢？

一个人的人格特质是由多个要素构成的。也就是说，只要善于观察，我们就会发现我们的父母不是仅有脾气急躁或优柔寡断，他们也具备另一些优势和闪闪发光的独特资源。

大家可以用心回想一下，相较于优点，我们是不是更倾向于关注那些缺点和不足？其实，这也是一种"惯常模式"，是一种"惯常的思维模式"，是我们的思维走向和思考习惯。

对负面信息的关注是我们的天性。在人类不断进化的过程中，我们仍保留了警惕负面、危险信息的基因，因为这可以帮助我们觉察危险，永续繁衍，这是由人的"生存本能"决定的。除了天性外，我们还受到环境的影响，比如在中国有着这样一个传统观念："谦虚使人进步，骄傲使人落后。"我们的成长过程似乎也总是在改正自己的缺点中度过；在社会的很多领域中，我们也经常会把目光聚焦在缺点和问题上。因为我们相信，只要改正了缺点，弥补了不足我们就能更优秀。

然而事实是，任何事情都有两面性，关注事情中的不足也许可以激励我们进步，但如果我们用这个惯常的思维方式过度地关注身上的不足而难以发现优势，则有失偏颇。

所以，带着一双发现独特性、发现资源的眼睛去寻找父母的优点吧！他们有哪些优点？是勤劳果敢、坚强乐观，还是勇于承担、交友广阔？是做事认真、为人友善，还是温柔体贴、真诚待人……与此同时，我们的原生家庭中有哪些温暖、积极的家庭规则和传统？是对待老人格外敬重，或是家庭成员之间互帮互助……

只要我们去寻找，我们就一定能够发现原生家庭中那些被我们继承了的优势和资源。由此，我们看待家庭的视角就更为全面、丰富和平衡了。

四、小结

本节从三个角度探讨了如何正确看待原生家庭这一个核心话题：

首先，原生家庭的养育与童年创伤并没有必然的联系，原生家庭不该为童年创伤全部背锅。

其次，原生家庭或者说家庭的教养方式，给予我们的只是一种经历，这种经历到底是创伤还是激励，同样也是因个人特质和人格发展的具体情况而异的。

最后，除了创伤，我们同样也继承了来自家庭的独特性和资源优势。当我们能够发现家庭赋予我们的闪光之处时，这也意味着我们对自己的认识更为全面，对自己更加接纳。

五、思考及作业

请你准备一张白纸，在白纸的中间竖向划一条虚线。虚线的左侧列出觉察到的童年创伤，虚线的右侧写上原生家庭或者父母赋予你的独特性、资源和优势。

或许一开始有些困难，你似乎找不到太多能够填到右侧的内容。如果是这种情况，那就说明你需要更多地去觉察资源和优势的部分，思考这张纸两侧的内容。

案例分享

童年创伤影响下的独立自主的小梅

一、案例描述

2 岁的小梅由于父母离异，很早就开始了单亲家庭的生活。由于家里的经济条件不好，妈妈需要去城市打工挣生活费，小梅只能在乡下和外公外婆一起生活，直到12岁上初中，她才被妈妈接到身边一起生活。但妈妈每天上班很忙，都是早出晚归，所以每天会给她几块钱作为一天的生活费。小梅每天都是自己背着书包去上学，中午随便买个包子或者馒头当作午餐，晚上放学就去家对面的烧饼店买两个烧饼当晚餐。

今年26岁的小梅每当回忆起这段往事，常常带着苦涩的笑。

谈起在乡下生活十年的感受，小梅用四个字来形容，那就是"小心翼翼"。她自己很懂事听话，尽量不给外公外婆添麻烦。她不明白为什么自己会遇到这样的生活，并对妈妈把自己留在乡下表示不解。她的心里虽渴望见到妈妈，但又对妈妈把自己扔下充满了不满。小梅就是带着这种矛盾复杂的心理冲突长大的。

有一次，小梅又谈到自己初中时的生活，她突然说道："记得有一天妈妈下班早，回到家看到我在吃凉烧饼，妈妈立刻就阻止了我，说烧饼又凉又硬，要给我煮面吃。我记得那碗面里有荷包蛋、青菜，特别热乎，特别好吃！"那一刻，小梅似乎透过那碗面，感受到了妈妈对她的爱和关照。

自那以后，小梅开始不断整合自己之前的经历，整合自己对生活的解读，也尝试着理解妈妈必须工作挣钱的处境。有一次小梅和同事出差，不巧遇上极端天气，同行的同事吓坏了，顿时乱了分寸。但小梅却特别镇静，带领大家找到了安全的地方等待救援。事后，大家都说小梅独立冷静，有主见，不像个20多岁的小姑娘。这让小梅想到，现在的独立性格不正是少年时一个人吃饭、一个人上学的成长经历磨炼出来的吗？此外，小梅在工作中很努力，深得领导欣赏，对此她笑着说："正是受到妈妈工作态度的影响，我觉得努力工作是我最大的优点。"

二、案例分析

（一）原生家庭给予我们的经历

与原生家庭的和解，大都需要经历一个"埋怨"的阶段。小梅曾经也不能理解，甚至是埋怨妈妈的决定，抱怨妈妈为什么让她在"小心翼翼"的环境中长大。

由于我们倾向于关注负面信息，对于伤痛也难以忘怀，所以有时我们会忽略那些成长中的温暖时刻，但它们并不是不存在，只是暂时被我们遗忘了。就像妈妈给小梅煮的那碗面，这碗面勾起了小梅对妈妈的积极感受，也正是凭借着这股积极的力量，小梅才能够对妈妈更加理解，并整合了心理上的矛盾感受。

（二）如何找到原生家庭给予自己的独特性

1. 如果觉察到童年创伤，陷入了对原生家庭的愤怒和埋怨，那么请你先觉察自己的感受和想法，但不要做一些指责、埋怨父母的行为。

2. 在生活中，多去留意原生家庭带给你的独特性、优势以及资源。比如妈妈工作勤奋的态度就深深影响了小梅在工作上的表现，这是能够帮助小梅在工作中成为一个独立冷静的人的原因。

3. 从多个角度解读自己的经历。比如由于妈妈工作比较忙，小梅的童年和少年时期经常需要一个人面对问题。这种经历一方面可能会让小梅觉得孤单无助，但另一方面也培养了小梅独立坚强的个性。

所以对于原生家庭赋予我们的经历，我们要全面解读，并争取赋予它们更为积极的意义。

名句赏析　　　父母良好的情感气息，家庭和睦的生活氛围，是培养孩子健康心理的环境基础。

——吕斌

扫描领取 配套课程

⬤ 第四节

重生——摆脱童年创伤影响

本节是"觉察童年创伤，溯源原生家庭"这一章的最后一部分内容，我们将探讨如何摆脱童年创伤的影响。首先，摆脱创伤并不是一蹴而就的事，而是需要一定的时间准备；其次，我们需要把关注的目光投向内在世界，这是摆脱创伤的心理准备；最后，我们需要学习三个摆脱创伤的方法，分别是将问题外化、关爱自己的内在小孩以及寻找社会支持。

一、所需的时间准备

我们首先觉察到了童年的创伤，其次我们探索了创伤的多方面影响，最后我们丰富并完善了对原生家庭的认识。以上这些行为，都是为了达到一个目标：摆脱童年创伤的影响，探索更多的可能性，活出真正的自我。

那么，是不是学习了这些，我们就能够立刻摆脱童年创伤了呢？虽然我也非常希望是这样，但是实际上，摆脱童年创伤不会是如此简单的一个过程，个人成长是最需要我们付出时间、精力和力量去静修的部分。试想一下，伴随我们多年的人际模式、认知观念、对家庭的理解、对生活的态度和价值观，怎么会在几天之内就得到改变呢？

准确地说，个人成长的道路是螺旋上升的，我们的觉察和改变是逐渐深入的。通过一些事情或现象，我们发现了一些令自己难受的点，它们触及到了我们的感受部分；再透过这些感受，我们发现原来自己一直持有某些观念。那在这些观念背后，我们有什么样的期待和心理需要呢？而我们行为的动机又是什么呢？对自我的了解，正是以这种剥洋葱的方式，一层层深入的。

所以，真正实现重生与突破需要一定的时间和过程。什么时候开始最好呢？当然是童年，次之则是现在。从今天开始觉察，那我们的成长就已经快人一步了。

二、所需的心理准备

我们需要做好心理上的准备——聚焦自己的内在世界。

【案例】

小雪的第四次恋爱又以失败而告终。七年间谈了四场恋爱，每次都是对方主动和她提出分手。之前，小雪都认为是对方的错，总是在质疑，为什么男人只能在最初相处的几个月里保持对她的关心和热情，过一阵子之后就完全变了一个人。她想："果然和妈妈告诉我的一样，男人都喜新厌旧。才几个月，对我就大不如前了，没有一个例外。"

在第四次恋爱宣告失败后，朋友无意间说的一句话引起了小雪的注意。她的朋友和她说："你谈了四次恋爱，怎么感觉是一样的？都是感情快速地由浓转淡，最后分手。这样何必谈四次，一次就行啦！"仔细琢磨琢磨，小雪觉得朋友的话有些道理，难道自己是吸引渣男的体质吗？

于是，小雪把焦点和原因从外部（男朋友）转移到了自己的内在世界（自己的心理世界）上。

只有将关注点聚焦到自己的心理世界上，我们才有可能开启成长之路；而关注他人，则是我们希望他人为了适应自己而改变罢了。他人改变了，我们就满意，他人不改变，我们就气恼，这不是成长，而是控制；关注自我，则是把改变的主动权和责任放在自己身上。要求他人改变，发出改变的指令虽是容易的，但效果是负面的；而勇于自我改变，开始可能是困难的，但效果是长久而显著的。最终，我们也会通过自己人际模式的主动变化而促进他人的改变，这种变化是积极的良性互动，也是我们所说的真正的成长。

三、具体的三个方法

（一）将问题外化

我们分享的第一个方法是：将问题外化。具体的做法是将我们遇到的问题或困境仅仅当成问题或困境，与自我分开。

我们回到小雪的例子中，小雪在把关注点聚焦到自己的内在后，她发现自己在脑海中总有一个"男人都不可靠"的声音，原因是她的妈妈总是如此告诫她。小雪9岁时，父母便离婚了，爸爸很快便再婚。从那以后，"男人都不可靠"就是妈妈的口头禅，这句话也深深地印在了小雪的心里。

因此，小雪在和每一个男朋友的相处中，当感情稳定了，她就开始"折腾"，千方百计地想确认对方到底有多爱自己。其实这正是"男人都不可靠"与当下稳定的情感之间发生冲突的表现。小雪拼命地想证明"男人都不可靠"是错误的，但她种种"折腾"的行为，最终却让对方选择离开。

如何帮助小雪摆脱觉察到的创伤呢？把"男人都不可靠"这个观念上的问题外化，将自我从问题中抽离出来，单独来思考这个问题。比如，我们可以思考"这个观念是如何影响我的？""它影响我多久了？严重吗？""这个观念对于我是帮助更多，还是负面的影响更多？""我有什么办法能尽量减少这个观念对我的负面影响呢？"……

在这些思考中，大家是否有新的发现？

第一，我们将自我从问题中抽离出来。小雪的问题是存在"男人都不可靠"的错误观念，她需要做的是把自我从这个错误观念中抽离出来。

第二，脱离了问题的自我能够进行思考。我们开始思考错误观念的产生、影响范围和严重程度，以及如何能有效地减少这种影响。

第三，我们面对当下的困境更加主动了，有办法了，不会重蹈覆辙。找到了纠正错误观念的办法，使童年创伤在一定程度上得以修复，小雪便有能力摆脱这一影响，她的下一段恋情也会更为顺利圆满。

（二）关爱我们的内在小孩

"内在小孩"这个说法，我们可能不陌生。在对童年创伤的觉察过程中，我们可以将那个在成长经历中受到创伤的自己，想象成存在于我们内在的一个等待关爱的小孩。这个小孩可能因缺乏安全感和归属感而常常感到焦虑；也可能是在家庭中不受重视，总是想获得瞩目与光环；还可能是由于不被欣赏，受到过度打击而形成了自卑的性格……无论他曾受过何种伤害，重要的是这些创伤已经被发现了，而现在我们可以为这个小孩做些什么。

通过对感受层和认知层的更新，我们可以重新构建安全感和归属感。始终想得到父亲重视的孩子，可以先从"自我重视"做起，了解自己的心理过程，照顾自己的心灵需要；而自卑的孩子，可以回溯一下自己生活经历中那些做得"还不错"的地方，比如工作能力强、沟通能力强、人际关系好、表达能力强等，以这些"还不错"作为出发点，再一步步积累自己的优势，扩充自己的能力。

最后，别忘了重要的一步，回忆一下我们之前说到的心理运作机制——任何观念能够起作用，前提是我们自己相信了这个观念。所以，当觉察到自己的能力之后，我们需要不断地强化，让自己相信"我就是最棒的"，我们只有对此深信不疑，才能真正摆脱童年创伤，获得突破与重生。

（三）寻找社会支持

除此之外，我们身边的社会资源也是帮助我们摆脱创伤的重要力量。比如亲密的朋友、一起长大的哥们、尊敬的师长等我们可以信任的对象都能够助我们一臂之力。就像电视剧《都挺好》的女主角苏明玉，虽然有着原生家庭的创伤，但是她也有如兄如父的上司以及亲密的爱人，这补偿了部分原生家庭的创伤，给予了她很大的精神力量。除了最信任的人，陪伴我们的宠物也会带给我们温暖的心灵慰藉。我们还可以找一些适合我们阅读的书籍或者课程，用知识丰富自己，这样能够帮助我们获得更宽阔的解读视角。我们也可以选择旅行，在旅途中或许会迸发出新的感受。我们还可以通过"专注做事"找到价值感和成就感……

四、小结

本节主要讲述了如何摆脱童年创伤：

我们要做好时间和心理上的准备。摆脱创伤并不是一蹴而就的事，而是需要一定的时间准备；重要的是要把关注点聚焦到自己的主观世界中来，关注自己的心理过程和内在世界，这是心理准备。

在做好了上述准备后，我们还有三个方法，帮助摆脱创伤：

1. 将问题外化。将自我从问题中抽离出来，这能促进我们对问题的思考，增强我们的行动力。

2. 关爱我们的内在小孩。不要用过于严厉、苛责的态度对待自己的问题和创伤，鼓励自己的点滴进步。只要积极地构建当下的生活，承担起自我关爱的责任，提升我们的认知能力，勇于面对那些曾令我们恐惧的、担忧的或感到羞耻的问题，我们必将活出一片新天地。

3. 我们可以寻求社会支持，增强自我力量。

五、思考及作业

通过你觉察到的创伤点，找到它对你的人际模式、观念或者决策的影响，再运用上文提到的三个方法：

1. 将问题外化。创伤形成的问题是观念的问题、模式的问题，还是决策的问题？

2. 关爱内在小孩。你是如何关照自己的心灵需要的？

3. 找到社会资源。可能是一段滋养性的关系，也可能是一本好书、一部电影，或是激励你的别人的故事。

尝试着用上述方法中的一种或几种，帮助自己建立一条修复创伤的道路，即刻就开始行动，相信你可以做到。

案例分享

见到领导不由自主就僵住

一、案例描述

大光是一个工作踏实认真、勤奋细心的好员工。但是在工作中也有令大光头疼的地方，他总是担心自己和领导单独相处。在公司和领导一起开会或者讨论工作时，大光感觉问题还不大，但只要单独碰到领导，他就立即变得手足无措，不仅话不会说了，手脚也不知道怎么摆，就连表情都是僵硬的。为了避免这种尴尬，大光总是尽量减少和领导的接触，遇到领导掉头就走。乘坐电梯时，每次都是先确认领导没有出现在电梯中，才敢坐电梯；去卫生间也一样，每次去之前都要前后观察，"确认安全"后才会进去。

为了帮助大光解决这个问题，咨询师建议大光回想一下和领导偶遇时的感觉。大光觉得，和领导偶遇就好像是被突击检查一样，而自己还没有准备好，也不知道要和领导说什么，特别担心自己的局促和尴尬被领导看出来。之后，咨询师又让大光寻找一下这种感受的来源，它最有可能来自哪里。这让大光联想到小时候每次在写作业的时候，妈妈都会突然走进房间检查他的作业。这种突击检查让大光措手不及，而且妈妈每次都能挑出一堆问题。至此以后，大光都非常害怕突如其来的"偶遇"。

接下来，咨询师建议大光给"见到领导就僵住"的状态起个名字，让它看起来可爱一些。大光决定叫它"怕怕小不点"。他解释说，是因为自己很怕见到领导，见到的那一刻感觉自己都变小了，成了一个小不点。

随后，大光和咨询师一起对"怕怕小不点"进行了探讨。比如：

· "怕怕小不点"对工作产生了哪些影响？

· 它的影响程度有多深？影响的时间有多长？

· 思考一下，做些什么能减少"怕怕小不点"的影响？

通过这样的思索和探讨，大光发现，自己一直被这个"怕怕小不点"影响着，不仅影响自己的心理状态，还影响了行为举止，比如他见到领导就跑的行为，其实早就被领导和同事注意到了。他想，如果自己先准备好和领导相遇时要说的一句话，或者一个微笑，当见到领导时就不会如此紧张，这也是他现在可以做到的。于是，大光每天面带微笑地对着镜子说"赵总，您好"，他要求自己每天早上练习 10 次，晚上练习 10 次。仅仅几天的时间，他的感受就好多了，一星期后在公司碰到领导，他也能自然地和领导打招呼，说出"赵总，您好"的问候话语。领导和同事们也都发现了大光这一惊人的变化。

二、案例分析

（一）觉察创伤

创伤隐藏在那些戳中自己痛点或经常回避的场景、话题、人和事情之中。大光的创伤就是他常常刻意回避的场景：无意间和领导碰面。

（二）发现创伤原点

顺着创伤点带来的感受和联想，可以发现创伤是如何形成的。这让大光联想到小时候妈妈都会在他写作业的时候突然走进房间检查他的作业，而且每次都会挑出一堆问题。这种突击检查不仅让大光措手不及，而且自此以后令他对突如其来的"偶遇"产生畏惧心理。

（三）如何摆脱童年创伤的影响

大光做了以下几件事：

1. 给问题命名。大光把他见到领导就僵住的状态形容为"怕怕小不点"。

2. 发现影响。大光启动思考程序，探索"怕怕小不点"对自己心理状态、工作状况和人际关系产生的负面影响。

3. 如何解决。大光找到了一个方法，用自己目前能够做到的事来帮助自己解决"怕怕小不点"的影响，即每天面对镜子微笑，并说"赵总，您好"。

4. 最后，经过实践的努力，大光解决了见到领导就僵住的尴尬情境，这也不再成为影响大光的创伤情境。

> **名句赏析**
>
> 不管此刻多么黑暗，爱和希望总在前方。
>
> ——乔治·查克里斯

⬤ 本章知识拓展

心理实验——恒河猴依恋实验

有的人总是患得患失，一段感情还没开始就害怕结束；有的人去餐厅或者教室等地方，总会选择角落的位置；有的人睡觉总是要抱着某些东西……

这些，可能都是缺乏安全感的表现。为什么会有这样的现象？

哈利·哈洛的恒河猴实验研究了父母的身体接触对于孩子与父母的依恋关系以及孩子建立安全感的重要性。

图 2 恒河猴依恋实验

一、实验内容

哈洛和他的同事们把刚出生的幼猴放进一个隔离的笼子中养育，并用两只假母猴替代真母猴。第一只代理母猴（木制母猴）是用光滑的木头制成的，并用海绵和毛织物将身体包裹起来，在胸前安装一个奶瓶，身体内还安装一个提供温暖的灯泡。第二只代理母猴（铁丝母猴）则是由铁丝网制成，外形与木制母猴基本相同，也安装能喂奶的奶瓶，而且也能提供热量。

研究者把两只代理母猴分别放在单独的房间里，这些房间与幼猴的笼子相通。在最初的实验中，所有的幼猴都会与两只代理母猴接触。8只幼猴被随机分成两组，其中一半幼猴由木制母猴喂奶，另一半则由铁丝母猴喂奶。

经过最初几天的调适后，他们发现，无论哪只母猴提供奶，所有的幼猴几乎整天都与木制母猴待在一起，甚至是那些由铁丝母猴喂养的幼猴，它们吃完奶后也会迅速来到木制母猴这里。

二、实验结论

虽然木制母猴和铁丝母猴身上都有奶瓶，也都能提供热量，但木制母猴因为身上有海绵和毛织物，所以幼猴更喜欢与木制母猴待在一起。

母猴是否满足幼猴的饥饿、干渴等生理需求并不是幼猴依恋母猴的第一影响因素，"接触安慰"才是个体依恋父母并能从父母处获得心理安全感和激励力量的重要影响因素。

三、实验启示

父母对孩子的养育不能仅仅停留在喂饱层次，要使孩子健康成长，身体的舒适接触对依恋关系以及孩子的安全感的形成有着更重要的作用。父母带给孩子的身体接触对孩子意味着"接触所带来的安慰感"，也能让他从父母那里得到安全感。孩子有了安全感，才能逐渐形成坚强、自信等良好的个性品质，成为一个对人友善、乐意探索、具有处事能力的人。

第三章

情绪急救
——应对日常情绪的策略与方法

【摘要】

情绪是人对客观外界事物的态度的体验，也是人脑对客观外界事物与主体需要之间的关系的反映。如果长期处于负面情绪之中，会导致心理不健康，也会影响人的生活和工作。本章将对情绪进行科学解读，提供学习情绪管理的方法，并对情绪困扰的四大难题（焦虑、抑郁、愤怒、压力）一一解析。

【学习目标】

1. 觉察自身情绪，科学认识情绪。

2. 学会合理地管理情绪，摆脱负面情绪。

3. 学会摆脱焦虑，驱散抑郁，控制愤怒，提高抗压力。

● 第一节
探索情绪的真相

一、情绪是什么

　　情绪是什么？是被领导批评时的愤怒，是收到喜欢的人送鲜花时的开心，或是晚上自己一个人走夜路时的恐惧。简单来说，情绪是身体的一个内部信号，它是人对正在发生的事情的实时反应。人的基本情绪包括快乐、愤怒、悲伤、恐惧。哈佛大学心理学教授丹尼尔·戈尔曼认为情绪是独特的思想内容、心理和生理状态以及一系列行为的倾向。从这个概念出发，我们将情绪的成分划分为独特的主观体验、生理唤醒和外部表现。接下来我们将从这三个部分带领大家认识情绪，了解情绪。

　　（一）主观体验

　　情绪的主观体验，就是我们的自我觉察。这种体验就如同一千个读者有一千个哈姆雷特一样，不同的人对同一件事情都有不同的理解，也会体验到不同的情绪。比如当有人在公交上给老人让座，得到了对方的感谢和称赞后，有些人体验的是愉快的情绪，而有些人体验的是害羞的情绪。再或者玩游乐园的刺激项目的时候，有的人感受的是害怕紧张，有的人感受的是兴奋快乐。

　　（二）生理唤醒

　　不同的情绪体验会伴随有不同的生理唤醒，比如紧张的时候会心跳加速、害羞的时候会脸红、害怕的时候会发抖、激动的时候会血压升高等。这些生理反应是不受我们意志控制的，而是自主神经系统作用下的反应。如果一个人长期处在消极的情绪中，他的身体将遭受巨大的伤害，正如现实生活中我们经常会听到的"气大伤身"或者"怒气伤肝"。

（三）外部表现

情绪产生的时候，除了伴随生理反应，还有外部表现，如语言、表情、行为等，比如伤心的时候捶胸顿足、开心的时候手舞足蹈。其中伴随情绪所产生的表情和行为被广泛应用于微表情心理学中，经常会被人认为是判断他人情绪反应的指标，比如生气的时候会皱眉、紧张的时候会咬嘴唇等。情绪时时刻刻影响着我们，它所产生的外部表现，会作为一种信号和特殊的意义传达给别人，所以我们在人际交往中要学会合理地表达情绪、控制情绪，以及注意情绪的表现。

一般情况下，你感受到什么样的情绪，就用语言或者非语言的方式表达出来即可。但是有些人出于某种原因，可能是因为周围环境，慢慢地变得不敢表达，最后连感受情绪的能力也跟着退化了。比如，在很多家庭中，父母认为用大哭来表达情绪是错误的，感觉孩子一直哭让人很心烦而且很不吉利，这类父母一般不会考虑孩子哭的原因，只会告诉孩子不准哭，或者象征性地问孩子为什么哭，然后简单说上两句，最后还是以不准哭作为结尾。还有的家庭是不允许表达生气情绪的，虽然家庭氛围看起来一片平静和祥和，但谁都知道这些不被允许表达的情绪并没有消失，它们终将会以一种意想不到的方式喷涌而出。

二、情绪是如何产生的

你是否经常会有这样一种感觉，就是为什么别人看起来那么平和，而自己却总是控制不住的情绪，为什么这么情绪化？看看下面一个案例，我们来探讨情绪产生的原因。

【案例】

小高是一个40岁的职场人，生活在一线城市，背负着房贷，上有老下有小，他的妻子目前没有工作，在家中照顾两个孩子，夫妻俩经常吵架。在公司，小高是一个小心谨慎的人，总是怕出错丢掉工作；和朋友相处时，也是一个内向的人。某天在公司，因为同事总是没有理由地修改自己的内容，小高最终忍无可忍，和同事发生了争吵。

（一）性格因素

小高为什么会愤怒？为什么会和同事争吵？首先，我们从生理角度来分析一下。情绪是我们大脑建构出来的体验，不同的脑部结构对建构情绪有着不同的分工（这部分涉及认知神经科学的内容，我们不作过多的赘述）；同时生理因素中的性格对情绪产生着影响，外向的性格相比内向的性格更容易产生积极的情绪，而易于担心和焦虑的神经质性格更倾向于在生活中表达消极情绪。案例中的小高是一个内向且谨小慎微的人，因此更容易产生消极情绪，比如焦虑、恐惧、愤怒等。

（二）认知因素

然后，我们从认知角度来分析小高为什么会控制不住自己愤怒的情绪。小高认为同事并没有实际的理由来修改自己的内容，一旦有这个认知之后，他就会感觉同事是故意排挤他和否定他完成的内容。当产生了错误的认知之后，久而久之情绪就会爆发。

不合理的认知会激发不良情绪。我们在生活中存在的不合理认知主要包括过度想象和受害者心态。过度想象主要是当我们遇到问题之后，会放大事情产生的消极原因，并且会扩大事情可能出现的消极结果，进而扩大自己的情绪，让自己一直生活在焦虑中。受害者心态是遇到问题时倾向于抱怨周围环境的影响，负能量爆棚，从而产生不良情绪。因此我们要学会改变不合理的认知，正确看待问题。

（三）环境因素

社会因素是在生理因素的基础上影响情绪的。影响情绪产生的社会因素主要有两个——工作压力和家庭环境。

1. 工作压力：压力是影响我们情绪产生的一个重要因素，压力会让我们烦躁、易怒、焦虑。压力的内容会在后面的章节中作具体的讲解，这里不作过多赘述。

2. 家庭环境：家庭因素也是影响我们产生情绪的重要因素，比如案例中的小高，其情绪爆发的原因有一部分来自于上有老下有小的生活压力和不和谐的夫妻关系。因此，合理处理家庭问题也是减少消极情绪的关键。

三、情绪的功能和意义

情绪会因为性格、认知、家庭环境等因素而产生，但是有时候它的产生不一定都是消极的结果，很多时候它是有一定意义的，所以我们应该正确地认识情绪的功能，尝试了解和接纳自己的情绪，不要刻意地压抑情绪。

（一）信号功能

情绪能够提供重要的信息。比如说，恐惧和害怕是身处危险的信号，伤心难过是失去事物的信号，快乐和开心是需求得到满足的信号，等等。情绪就像警报信号，是对当下正在发生的事情的一个反馈，会给我们提供一个信号，告诉我们该怎么和别人交往，怎么识别控制情绪。因此，情绪并不都是消极的，它的信号功能可以帮助我们更好地适应环境。

（二）激励功能

情绪的激励功能也可以理解为情绪的保护功能。情绪具有激励我们心理和行为的功能。比如说，恐惧会让我们警觉并在不安全的环境中保护自己；当我们生气愤怒的时候，心理和行为都会变得有攻击性，在特定的环境下，这种攻击性不仅可以保护我们，同时可以捍卫自己的底线；嫉妒也不全是消极的，有时也会激励我们，让我们变得更加优秀。

（三）沟通功能

情绪具有沟通功能。我们通常会用表情和行为来表达情绪，而身边的人会通过这些面部表情和身体行为来识别我们的情绪，同时我们也会通过他们的表情和行为来识别他们的情绪。如果我们看到一个人总是充满微笑，就会倾向于和他交流；如果一个人总是面无表情，那我们就不愿意和他产生过多的交流。

四、小结

本节主要内容如下：

1. 情绪的三个成分：主观体验、生理唤醒、外部表现。

2. 情绪产生的三个因素：性格因素、认知因素、环境因素。

3. 情绪的三个功能：信号功能、激励功能、沟通功能。

情绪的产生有时并不是一件坏事，它可以对我们起到保护、激励等积极作用。因此，我们要科学地认识情绪、觉察情绪、接纳情绪。

五、思考及作业

根据本节学习的内容，请你写一周的情绪观察日记，包含让你觉得舒服的或者不舒服的情绪，每天可以记录 1~2 件给你带来深刻情绪感受的事情，如下：

时间	事件（简要写出事情）	具体情绪（愤怒、幸福、焦虑等）	对事件／人的看法	外在表现（语言、动作、表情等）	本情绪对你有什么意义
周一					
周二					
周三					
周四					
周五					
周六					
周日					

案例分享

在地铁和人吵架，真的是因为自己被推了一把吗？

一、案例描述

早高峰的地铁上，人山人海，小丁也是这地铁上班大军中的一员。早晨起床的时候，小丁又因为这个月任务没完成、绩效工资被扣这个事和妻子吵了一架，结果他早餐也没来得及吃就匆匆上班了。他出门的时候看了下时间，感觉马上就要迟到了，于是快速跑到地铁站。小丁刚要上车的时候，突然一个下车的乘客向外推了他一下，结果把刚要上车的他推出了列车。小丁觉得自己太倒霉了，又想起早晨和妻子吵架的事，越想越生气，感觉糟心的事都发生在自己身上了。但接下来的事让小丁始料不及，那位乘客非但没有道歉，还转过头冲他嚷了一句："你没长眼睛啊！"这一举动让小丁彻底情绪爆发，和对方吵了起来……

二、案例分析

（一）小丁这天早晨经历了哪些情绪

小丁这天早晨的情绪体验很丰富：从早晨起床开始就因为工资问题与妻子吵架而产生生气、烦躁的情绪；之后因感觉上班快要迟到而产生焦虑、紧张的情绪；最后在地铁上和别人争吵产生愤怒的情绪。

（二）小丁情绪爆发的原因

第一，小丁这次情绪爆发主要来自于家庭和工作的压力。被扣工资、妻子和自己吵架，这些都是促使小丁情绪爆发的主要原因。

第二，小丁对问题产生不合理的认知，遇到问题都归咎于自己很倒霉，总是抱有一种受害者的心态，负能量爆棚。

（三）小丁的情绪有哪些功能

小丁虽然没有控制住自己的情绪和别人吵了起来，但是当别人推了他之后，他的皱眉和生气是一种信号，是在告诉对方自己需要的是一个道歉。虽然吵架是不对的，但是有时候发脾气也是在维护自己的利益，防止自己受到伤害。

（四）小丁应该如何调节自己的情绪

小丁想要调整自己的情绪，最重要的是他要改变对情绪不合理的认知。当妻子和自己吵架时，小丁可以想是因为自己没有和妻子说清楚为什么会被扣工资，没有让妻子对自己安心，所以妻子才跟他吵架。他在地铁上和别人吵架时，可以想自己有些生气是被允许的，人都会有脾气，但是要改变表达情绪的方式，善意地提醒一下对方即可。

名句赏析	情绪的处理方法：看到它，接纳它，看它要告诉我什么。
	——萨提亚

扫描领取 配套课程

● 第二节

我的情绪我做主——掌控情绪必备策略

本节将学习如何管理自己的情绪，首先来看看关于管理情绪我们有哪些认知上的误区。

一、管理情绪的误区

（一）管理情绪等于压制情绪

人们常常会觉得管理情绪就是压抑自己的情绪。如果仅仅是压制情绪就可以解决问题，那就不会有那么多悲剧发生。我们都知道随意发脾气是不对的，这是一种只关注自己是否舒服而不考虑别人感受的自私行为。但是，如果有了情绪，一再压抑、隐忍，时间久了也会出现问题，因为压抑情绪在某种程度上是违反本能的，情绪是一种流动的能量，宜疏不宜堵，所以学会合理地管理自己的情绪很重要。

（二）管理情绪就是否认和消除负面情绪

负面情绪让我们感到痛苦，那是不是把负面情绪全部消除，每天就能开心幸福？上班时候总被老板训斥，下班回家后连个做饭的人都没有，想喝口水水瓶却是空的，遇到这些不顺的时候你依然努力微笑告诉自己"我很幸福"，其实这是一种否认甚至试图将负面情绪从自己的大脑中消除的做法，但我们都明白，情绪并没有因此改变，它依然在那里。我们不能因为那些愤怒、恐惧、悲伤的负面情绪会让我们不舒服就片面地认为我们不需要它们或者要消除它们，我们要做的事反而是去接纳它们，看清它们的本质。就像刚才列举的那些不顺心的事，如果当时你选择去直面这些负面情绪，坐下来用哭泣的方式宣泄情绪，那你一定会觉得心情比之前好一点。这种结果的出现是因为你直面了这些负面情绪，并且将它们宣泄出去。所以，管理情绪需要直面情绪，而不是一味地否认和消除情绪。

（三）"我的情绪都是受他人影响"

当和拥有负面情绪的人在一个空间中共处时，有的人经常会受到对方焦虑、恐惧、愤怒等这类情绪的影响而心情不好，往往会抱怨说"我的情绪都是被他影响的"，那么我们怎么将这类情绪的负面影响降到最低呢？

有人觉得我们可以远离这些负能量的人来摆脱影响，但我们不可能跟所有负能量的人在空间上进行隔离。这个时候我们要如何保护自己，避免为他人的情绪买单呢？保护自己最重要的就是保持界限感，而保持界限感的第一步就是尊重、允许他人有自己的情绪自由。他的愤怒、悲伤、委屈等情绪都是他的事情，我们可以陪伴和安慰，但是不要陷进他的情绪中。

以上内容就是关于管理情绪的三个误区。管理情绪并不是简单地控制或者压抑情绪，也不是否认或者消除负面情绪，而是直面所有情绪。虽然我们的情绪会受到他人的影响，但是我们要保持界限感，尊重他人的情绪自由，不为他人的情绪买单。

二、正确管理情绪的步骤

刚才我们对管理情绪误区进行了深入的分析，接下来我们先来看一个案例，通过案例来了解如何正确管理自己的情绪。

【案例】

这是一对新手父母，爸爸在外上班，妈妈在家带孩子，因为没有经验，显得有些焦头烂额。下班后，爸爸拖着疲惫的身体回到家中。

妈妈说："怎么现在才回来呀？我都快疯了。"

爸爸说："我一直都是这个点回来的呀？孩子怎么老哭啊？"

妈妈说："我也不知道，喂奶也不喝，一直哭。"

爸爸不耐烦地说："好好哄哄他，别让他哭了，听着就烦。"

妈妈的脾气也一下子上来了，说："我也不想让他哭啊！哄也不管用，我能怎么办……"

（一）觉察情绪

管理情绪的第一步，也是管理情绪的核心，即觉察自己的情绪。当情绪上来的时候，你要分辨清楚它是什么情绪，它来源于哪里，是源于自身还是他人。案例中那些让他们感觉不舒服的情绪其实并非来自对方：爸爸因为一天的工作显得疲惫而烦躁，妈妈为新生儿的养育问题感到焦虑而情绪失控。这个时候他们可以通过暂停和深呼吸的方式，先去觉察和感受自己的情绪，给自己缓冲的时间，不要急着发泄，跳出来看看当下是什么情况。

（二）接纳情绪

管理情绪的第二步，即接纳情绪。案例中的妈妈是新手妈妈，在照顾孩子这件事情上难免会手足无措，甚至会有很大的挫败感；而爸爸忙碌了一天回到家想有片刻的安静，结果推开门听到的是孩子的哭声，顿时觉得烦躁。其实这些情绪的产生都源于他们对自己的不接纳，不接纳自己焦虑、烦躁的状态，不接纳当下深感无力的自己。面对孩子的哭声，他们觉得无力解决，而这种无力解决就会加深他们的自我否定。这个时候他们需要鼓起勇气向内看。妈妈会发现她焦虑不是因为无能，这是新手父母都会遇到的问题。当妈妈接纳了这种情绪，她就会有能量行动起来，比如向他人请教经验，多学习照顾孩子的方法。而爸爸会发现他烦躁并不是因为孩子，而是工作和生活的压力让他感觉到了危机。当爸爸接纳了烦躁情绪，并认识到它产生的原因，他就会开始和妈妈一起寻找问题的解决办法。因此，我们只有接纳当下的自己，接纳自己的情绪之后，才有更多的能量去处理现实问题。

（三）调整情绪

管理情绪的第三步，即调整情绪。既然已经明白了情绪产生的前因后果，那我们就明白应该怎么去调整情绪了。调整情绪后，再去照顾孩子，妈妈可能不会再焦虑，或者尽管还存在一些焦虑，但面对孩子的哭声，她会告诉自己"别急，看看孩子到底怎么了""这个解决不了的问题我可以请教别的妈妈，寻求经验"。而爸爸在回家之前也调整好自己的情绪，告诉自己"工作确实很累，但我要把工作和家庭分开，不能把工作中的情绪带到家里来，我在家里的身份就是父亲和丈夫，我很期待见到我的妻儿"，这样调整情绪的结果就是，即使那个时候他有情绪，他也不会一下子慌乱起来，用语言伤害妻子。

（四）表达情绪

管理情绪的第四步，即表达情绪。当前面的部分都做好之后，你就会看到自己实际的需求是什么，也会有更多的时间看到对方的需求是什么。其实表达情绪的本质是在表达需求。为什么夫妻、亲子之间总有冲突？那是因为他们只看到、听到、感受到彼此的情绪而没有看到情绪背后各自的需求是什么。还是上面的案例，我们把他们表达的语言变换一下，看看结果会有什么不同。

妈妈说："你回来了？快来帮帮我吧，我现在手忙脚乱的，我需要你。"

爸爸说："好的，想你和孩子了。让我看看孩子，是饿了还是不舒服呢？"

妈妈说："我也不知道，我觉得自己好失败呀，连照顾孩子这件事情都做不好，我不是一个称职的妈妈。"

爸爸说："不是这样的，你忙碌了一天也挺累的，我工作了一天也是筋疲力尽，小孩子就是爱哭嘛。要不我们打电话问问妈，或者去医院看看吧？"

通过上面的对话我们看到妈妈被理解了，爸爸被需要了，两个人并没有站在彼此的对立面，而是一起面对照顾孩子这件事情，各自的情绪背后的需要被看见了、被接纳了，自然就会感觉舒服了。

以上的内容就是我们如何正确管理自己的情绪：觉察—接纳—调整—正确表达。这四步会让交流变得更加顺畅，同时问题也能够得到更好的解决。其实情绪并没有那么可怕，全然看我们如何解读它、运用它。把情绪当作好朋友，不控制不排斥，不害怕不逃避，勇敢面对，化敌为友，才能泰然处之。

三、小结

1. 我们认识了管理情绪的三大误区：

（1）管理情绪并不是简单地控制或者压抑情绪。

（2）管理情绪并不是否认或者消除负面情绪，而是直面所有情绪。

（3）虽然我们的情绪会受到他人的影响，但是我们要保持界限感，尊重他人的情绪自由，不为他人的情绪买单。

2. 学习了正确管理情绪的四个步骤：觉察情绪—接纳情绪—调整情绪—表达情绪。

希望大家能从容地接纳情绪，从容地接纳自己，拥有和谐幸福的生活。

四、思考及作业

回顾之前你面对人和事是如何处理自己的情绪的，学完本节之后，请试着用文中的四个步骤管理自己的情绪。

【示例】具体事件：你熬夜写了一份报告，第二天早上被叫到办公室，领导针对这份报告提出了很多问题，让你重新修改。

管理情绪的步骤：

第一步，觉察情绪：辛苦却不被理解的委屈和被否定的愤怒，但这些情绪大部分来源于自己。

第二步，接纳情绪：我现在这么生气，是因为我辛苦熬夜却被否定，我其实只是不接纳这种被否定的感觉，但是每个人都不完美，我也应该接纳不完美的自己，愤怒也是可以理解的。

第三步，调整情绪：针对报告本身，领导说的这些问题不是一点依据都没有，有些意见还是挺有价值的，领导其实是在帮助我。我开始运用深呼吸等方法调整我的情绪，平静地接受领导提出的意见。

第四步，表达情绪：领导提出意见的时候，我会觉得有点委屈，因为这是我熬夜赶出的成果，但是后来领导对报告提出有用的建议的时候，我觉得非常感激。

【操作模板】

具体事件：_____

_____

管理情绪的步骤：

第一步，觉察情绪：_____

第二步，接纳情绪：_____

第三步，调整情绪：_____

第四步，表达情绪：_____

注：在第二步接纳情绪和第三步调整情绪时可以用一些具体的方法，比如呼吸放松法、暂停法等，给自己思考的时间。

案例分享

接纳自己，接纳情绪

一、案例描述

小华，26岁，已经工作三年了，依然觉得同事们的工作能力都要比自己强，会经常认为自己什么事情都办不好。因为一直存在这样的想法，小华总是觉得特别难受，但是又不知道具体是哪些事情引起的。

有时候跟一些朋友聊天，小华一想到自己的伤心事，就会稍微吐槽两句，但说完之后就会开始觉得自己不应该去跟朋友抱怨。

小华："我前两天还跟一个同事吵架了，我也不知道我是怎么了，就特别生气。"

朋友："你这脾气还能跟别人吵架呢？"

小华："过后我也感觉自己不应该这样，不知道为什么，就感觉当时那个同事特别烦人，便多说了两句，想想确实没必要。"

朋友："我觉得吵吵架说出你的看法，对你还挺有好处的，你看你之前有什么事情都憋着不说。"

小华："我下次还是得控制一下，我现在这脾气也不知道是怎么了。"

和朋友诉说完之后，小华又开始觉得"这样说多了之后，肯定会让别人觉得烦吧"，心里暗自后悔。

二、案例分析

（一）情绪产生的原因及其危害

1. 原因

案例中的小华，经常会觉得自己的情绪是不好的，也是不应该出现的，甚至会不清楚自己的情绪是什么引起的。同时小华会出现很明显的内疚、自责、抑郁、愤怒的情绪体验，但是每当这些情绪出现时，他的第一反应是选择压抑这些情绪，并且会认为一旦说出来，其他人会觉得自己烦。就是因为这样的想法，加深了小华的抑郁感受。

2. 危害

小华一直在压抑和控制自己的情绪体验，这样不但不会缓解，反而会造成各种不同情绪的叠加，最后导致情绪爆发，开始出现跟同事吵架、不能控制自己情绪的情况。这些都有可能会损害小华的人际关系，也会使小华出现更多复杂情绪。

（二）小华的三个管理情绪的误区

第一，小华认为管理自己情绪的方法就是要压制住自己的情绪，只要自己不去想这些情绪就可以了，但是这样只会导致情绪爆发，最终引发"吵架事件"。

第二，小华认为自己的情绪都是负面情绪，自己不应该出现类似的情绪体验，所以会对抗自己的情绪。

第三，小华觉得如果去表达或者宣泄自己的情绪可能会造成其他人对自己的负面评价，认为自己的情绪会影响到别人，所以一直都没有找到表达情绪的正确途径。

（三）给出方法

那小华应该怎么做呢？

首先，觉察情绪。小华需要先慢慢清楚自己在不同的情境当中都体验到了什么样的情绪，也就是对情绪进行觉察和体会。在出现任何情绪的时候，他都可以停下来想一下，自己现在为什么觉得难受，自己是否想到了什么。

其次，尝试去接纳情绪。在生活中出现的任何情绪都是正常的，尝试着去接受各种不同的情绪。小华可以在觉察到自己情绪之后，告诉自己产生情绪并不是一件错事，而是一个正常现象。

再次，开始调整自己的情绪。小华经常觉得自己不如别人，但其实自己身上肯定也有一些足够优秀的地方。每个人都会有自己的闪光点和特色，可以不通过和其他人的比较去证明自己的价值，慢慢地让自己从内疚、自责的情绪当中走出来。

最后，表达情绪。小华可以尝试去和朋友讨论自己的情绪，在和朋友的沟通中加深对自己的了解。在工作中和同事有矛盾的时候，也可以在调整自己的情绪之后，和同事讨论目前存在问题的原因，并找到解决问题的方法。

名句赏析	能控制好自己情绪的人，比能拿下一座城池的将军更伟大。
	——拿破仑

扫描领取 配套课程

● 第三节

为何我总跟自己过不去——摆脱焦虑

一、焦虑是什么

焦虑这个词，我们一点也不陌生。

小时候，上台演讲时会焦虑，面临一些考试时会焦虑。

长大了，害怕失业会焦虑，与人交往会焦虑，父母催婚也会焦虑。

成家了，孩子上学会焦虑，中年危机也会焦虑。

……

焦虑的形式多种多样：社交焦虑、职业焦虑、考试焦虑……

社会上无人不焦虑。那什么是焦虑呢？

焦虑是一种复杂的情绪，其中含有着急、挂念、忧愁、紧张、恐慌、不安等成分。

焦虑也不一定是坏事，著名的耶克斯－多德森定律表明（图3），适当的焦虑会使人体保持警觉性。比如，每次面临考试的时候，焦虑的状态会激发人的积极性，促进个体进步。但如果焦虑的持续时间过长，就会形成过度焦虑，长期沉迷于消极想法，会引发心理问题，严重的还会引起生理症状，如失眠、胃疼、

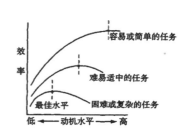

图3 耶克斯－多德森定律

食欲不佳等，甚至最后演变成病理性的焦虑症（这种情况就要寻求专业的心理治疗了）。而大多数人所说的焦虑，更多时候是焦虑情绪（并不是焦虑症）。随着社会的发展，压力越来越大，焦虑情绪越来越广泛，甚至被认为是心理健康上的"流感"。

二、焦虑的本质是什么

焦虑的本质其实是对未知的恐惧。

面临未知的情形，我们会产生一种不在掌控之中的感觉，而失控感会让我们感觉到自我价值受到威胁，进而产生一种不安全感，这种不安全感又导致自我恐惧，因此，焦虑情绪就出现了。

模式：未知—失控—威胁—不安全感—恐惧。

自我价值主要体现在两方面：

一方面，精神层面：尊重、认可、存在感或者爱等。

比如要竞争公司主管这个岗位，因害怕自己没有竞争力，得不到这个岗位而焦虑；在参与一项有难度的任务时会害怕自己失败而不受赏识，焦虑得不能正常工作；参加聚会时会因害怕别人觉得自己穿的衣服不好看而感到焦虑。

另一方面，物质层面：生存环境、自由（财务／时间）或者地位等。

比如在选择投资的时候，害怕眼前获得的一切终将归零，所以产生焦虑；当无数重要的工作任务向你扑面而来的时候，你的时间自由受到了威胁，所以产生焦虑；当孩子需要报培训班的时候，金钱受到了威胁，所以产生焦虑。

三、缓解过度焦虑的方法

（一）从认知上

1. 改变不合理认知

焦虑与我们的认知相关，也就是说焦虑是因为我们总跟自己过不去。

根据艾利斯的情绪 ABC 理论：

A（activating event）：事件。

B（belief）：信念 / 想法。

C（consequence）：后果（感受 / 行为）。

引发情绪（C）的不是事件本身（A），而是你对于事件（A）的看法（B）。

比如同样的工作任务，有的同事完成得特别淡定、轻松，而有的同事却感到压力巨大，焦虑不安。所以，焦虑是个体的选择，引发焦虑的是个体感知到的事实而非事实本身。要缓解焦虑，可以试着去调整我们的思维方式。

焦虑情绪较多是因为个体在情境下产生的种种不合理想法，这些想法有着两种显著的特征：第一是放大坏事发生的可能性，第二是放大坏事的严重后果。

【案例】

小明有社交焦虑，和别人说话时会非常紧张，甚至有的时候别人还没开口，他就会觉得很焦虑，想赶紧逃离。我们具体了解后才知道，他总是有这样的想法："如果我说错了，其他人会看不起我。"

从这里我们可以看出，小明放大了坏事发生的可能性，因为他并不是每次都说错话；同时，他也放大了坏事的严重后果，觉得自己说错了话会导致别人看不起他。其实每个人都会说错话，但人们不可能因为他说错话就去否定他整个人。

因此，当我们感到焦虑的时候，可以尝试问自己几个问题：我担心的不好的结果是什么？不好的结果一定会发生吗？就算发生了不好的事情，一定会达到什么严重的后果吗？这样，通过与自己对话，我们就能发现自己不合理的想法，从而建立合理的想法，减轻自己的焦虑。

2. 学会信任

信任他人：相信他人能帮助、支持自己。比如，我对航空知识不甚了解，但是这并不影响我坐飞机，这是因为我信任飞行员、空乘人员、航空公司和地勤人员。我们也可以把内心焦虑的事情告诉别人，因为焦虑时，我们容易被卷入情绪之中，无法找到方法。旁观者清，别人或许看得更清楚，并且每个人所擅长的方面不一样，因此，我们可以选择相信别人能给自己帮助和支持，这样就能减轻我们的焦虑情绪。

信任自己：相信自己有能力渡过难关，相信自己有能力应对各种困难，相信在这个世界上没有什么事能把自己打倒，学习养成健康、乐观、积极、豁达的心态，用平常心去看待事物，这样焦虑也就不会找到我们了。

一旦我们信任了某些事、某些人，就能找到支持的力量，得到更多的安全感，从而减轻焦虑。

（二）从行为上

1. 缓解焦虑情绪

（1）深度呼吸

处于焦虑状态下的人，呼吸会变得急促、紊乱。深度呼吸可以用来减缓心率和降低呼吸频率，有助于放松情绪，从而降低焦虑水平。

操作步骤如下：找一个安静、舒适的地方坐着；闭上双眼，放松身体；自然舒缓地呼吸；吸气时，用鼻子轻轻、缓慢地吸入；呼气时，让气体从嘴巴里缓缓吐出；反复 10 ～ 20 分钟。

（2）正念

虽然逃避会让我们感受到暂时的解脱，但是当我们再一次遇到相似的情境时，焦虑还是会出现，然后再次逃避，反反复复，形成一个恶性循环，没有从根本上摆脱焦虑。所以，不逃避才是真解脱。

那怎么样才能不逃避呢？你可以尝试正念练习的方法。正念即允许焦虑的存在，不加评判地（认为"应该"或者"不应该"）进入当下，专注于"此时此刻"。慢慢地你会发现，你不仅可以承受焦虑，而且焦虑感也在减弱。

操作步骤如下：

首先，找一个舒服的姿势坐好，闭上双眼，调整呼吸，进行 5 ～ 10 分钟，认真观察你的整个呼吸过程。

接着，按照下面的指导语进行：

现在你已经关注了一段自己的呼吸过程，请你回想一些让你焦虑的事情，让自己产生焦虑的感受，然后在这感受中待上 1 ~ 2 分钟。

当你已经可以在身体里找到焦虑或者紧张的部位时，看看你能不能让焦虑增长。你要做的是尽可能让自己产生强烈的焦虑，这样才能练习承受它。你既可以通过关注焦虑在自己身上引起的生理反应，也可以通过想象吓人的画面来帮助你加强焦虑的体验。花几分钟时间让自己的焦虑达到最大值。

当你已经产生了最强烈的焦虑情绪并感受到它的时候，尝试让这个焦虑水平持续 10 分钟。如果你发现焦虑开始减退，尝试着重新去加强它，再重新开始去感受。

现在你已经尝试了承受你的焦虑，最后，你只需要把注意力再重新放回到自己的呼吸上并且保持几分钟，感受一下自己是什么感觉。

以上就是正念方法的操作过程。试着让自己正视焦虑，承受焦虑。

（3）脱敏

脱敏疗法，就是把自己暴露在焦虑的环境或者情形下。首先，你得把焦虑的情形进行分级，然后慢慢引导自己从最不焦虑的情境过渡到最焦虑的情境。

我曾经遇到过一个学生，她对于平常认识并且能读出来的字，总在上课被点名读课文的时候，怎么都读不出那个字的音。因此，我就将她的焦虑情境逐步升级：刚开始的时候，让她自己在一个房间里读那篇课文；当她能发出那个字的音之后，让她对着镜头读那篇课文；等到她能发出音之后，让她的一个家人在旁边听她读；当她在一个家人面前也能读出来之后，再在更多家人面前读；接着让她在一个陌生人面前读；最后让她在一群人面前读。慢慢地，她就克服了这种焦虑。

（4）运动

研究表明，运动可以释放令人感觉愉悦的化学物质，从而舒缓焦虑的情绪。

2. 获得掌控感

焦虑通常产生于混乱之中，而混乱无序的地方就容易产生失控感。我们增加掌控感的方式是什么呢？制定计划！先制定大目标，然后将其拆分为几个小目标，使目标便于执行，这样整个任务就是可控的，焦虑也能得以缓解。完成每个小目标后，给自己一个奖励，比如放个假、吃顿大餐、和朋友聚会等。这样做，一方面可以缓解阶段性的压力和焦虑，另一方面也是给自己一个正向激励，鼓励自己用更积极的情绪和状态去迎接下一阶段的工作。

当然，在制定计划的同时也要预留好可变化的时间，因为未来充满不确定性，计划永远赶不上变化，也就是说我们制定计划的同时也要做好改变计划的心理准备。

四、小结

本节主要讲解了三个方面的内容。

1.焦虑的含义。焦虑是一种复杂的情绪，其中含有着急、挂念、忧愁、紧张、恐慌、不安等成分。

2.焦虑的本质是对未知的恐惧。

3.列举了几种缓解过度焦虑的有效方法：从认知上，我们可以选择改变不合理认知和学会信任；从行为上，我们可以选择深度呼吸、正念、脱敏、运动和制定计划。

五、思考及作业

记录一件最近最让你焦虑的事情，然后选择本节所列举的方法（一种或者多种）来缓解焦虑，并详细记录下来。

案例分享

我很焦虑，没法继续工作

一、案例描述

小李最近一上班就焦虑，因此她主动提出辞职。究其原因，不是因为工作不合适，也不是因为老板不喜欢她，而是她觉得不知道如何与同事相处。据小李描述："每次看到他们交头接耳，组团吃饭聊八卦，我就会觉得他们故意玩在一起而不带上我，好像在排挤我。有时看到有人和老板谈完话之后，回来看了我一眼，我就觉得他可能在老板面前说我的坏话。因此我会想，我也没有做错什么，为什么他们不能容忍我的存在？我现在一进办公室就很焦虑，根本没法专心工作，想赶紧逃离这里。我觉得他们都不喜欢我，慢慢地，老板也会不喜欢我。我在这个公司没有办法继续待下去了。"仔细和小李聊过之后，我们了解到她从毕业之后已经换过 8 家公司，而辞职都是因为——与同事交往会感到焦虑。

二、案例分析

（一）焦虑的危害及其本质

从这个案例可以看出，小李存在同事交往焦虑。她的焦虑本质上是对于未知的恐惧，因为很多事情并没有真实地发生。比如，同事一起组团吃饭，她觉得是在排挤她，但其实排挤她的事实并没有发生；有人从老板的办公室出来看了她一眼，她会觉得同事可能说了她的坏话，这也是未知的事情；还有她觉得老板再也不会喜欢她，也没有现实的证据，都是她自己对于未知的一些猜测。

这些对未知事情的猜测，让她感觉自我价值受到了威胁。从精神层面的自我价值看，她需要的尊重、存在感，以及老板对她的认可都受到威胁；从物质层面的自我价值看，她感觉自己的工作和职业也受到了威胁，所以她产生了不安全感和恐惧感，最终导致了焦虑情绪的出现。

（二）缓解过度焦虑的方法

针对小李的焦虑情绪，可以采取一些方法：

1.改变不合理认知

根据情绪 ABC 理论，引发情绪（C）的不是事件本身（A），而是你对于事件（A）的看法（B）。所以，要改变焦虑情绪，先要改变不合理认知。

她可以尝试着想一想，同事交头接耳有可能是在聊工作上的事情，不找她一起讨论是不想打扰她；同事和老板谈话完出来看她，可能只是不小心看了她一眼，或者是老板夸了她，所以同事才会看她；而且就算跟同事之间的关系没有那么亲近，只要她好好工作，把心思放在工作上，做出成绩，老板怎么会不喜欢她？她真的在公司没有立足之地吗？后果可能并没有她想的那么严重。

2. 正念

在每次面对焦虑的时候，小李都选择了逃避，因此即使她换了几家公司，每当她重新面临相似的情景时，她仍会感觉焦虑。逃避并不能真正解决问题，只有正面焦虑，才能增强对焦虑的应对能力。她可以选择正念的方式，允许焦虑的存在，专注于此时此刻的焦虑状态。

在此列举了部分方法，大家也可以尝试相应章节的其他几种操作方法，比如深呼吸、运动等。

名句赏析

我们的忧虑不会带走明天的难过，只会带走今天的力气。

——查尔斯·司布真

● 第四节

乌云乌云快走开——驱散抑郁

一、你抑郁了吗

近年来，随着一些知名人士因为抑郁症而结束生命的事件频发以及新闻媒体的大力宣传，社会大众对于抑郁症的关注度大幅提升。很多人开始关心自己的心理状态："我最近感觉心情很低落，我是不是得抑郁症了？"

那我们就先来了解一下抑郁症有哪些症状吧。

（一）抑郁症

抑郁症的典型表现：

1. 持续的情绪低落

持续地感觉伤心绝望，空虚沮丧，仿佛整个人被乌云笼罩着，怎么都开心不起来。

2. 对周围的一切失去兴趣

好像现在对什么都不感兴趣，连以前的爱好都提不起兴趣了。比如以前喜欢爬山、看电视，现在都感觉索然无味。

3. 自我评价低，感觉自身毫无价值

觉得自己承受能力很弱，什么事都做不好，想更努力、更积极一些，但就是控制不住地"消极"对待，然后又因为自己的"消极"而不断自责。

4. 注意力不集中，记忆力下降

比如，以前做题一会儿就做完了，现在注意力很不集中，经常漏题，还做得特别慢，刚刚为什么选择那个答案也不记得了，有时候做到一半就停下来了。

5. 疲劳，没力气

无精打采，疲劳感占据全身，早上起床时根本提不起精神，好像三天三夜没睡觉的感觉，又好像昨天晚上打了一架似的，可明明安稳地睡了 12 个小时。

6. 行动缓慢

以前非常灵活，现在光起床穿衣服都要花很长时间；坐在凳子上，如果有人叫，也非常缓慢地起身；甚至有人会形容他们"懒"；以前喜欢把自己收拾得整洁干净，现在身上邋里邋遢。

7. 睡眠问题（失眠／嗜睡）

可能会嗜睡，有的人睡到天昏地暗，不想起床；有的人会失眠，晚上翻来覆去，无法入睡。

8. 食欲减退，体重减轻

食欲跟情绪相关，情绪低落会导致食欲减退，所以很多抑郁症患者都骨瘦如柴。

9. 有死亡的念头

悲观厌世，会对生命不再留恋，反复出现自杀的念头。

如果出现上述的五种以上的症状并且持续两周以上，就要考虑抑郁症的可能性，建议去医院进行专业的诊断。

有人会说："我好像排除了抑郁症，但是我确实感觉情绪低落，不能感受到快乐，对许多事情失去兴趣，思维也不如以前活跃，反而有些反应迟钝。"

其实，那可能只是抑郁情绪。

（二）抑郁情绪

抑郁情绪是人们常见的一种情绪困扰，是一种感到无力应付外界压力而产生的消极感受，常常伴有厌恶、痛苦、羞愧、自卑等情绪。

（三）抑郁情绪与抑郁症的区别

1. 性质：抑郁症是临床上一种心理和精神上的病症，属于情感性精神障碍；而抑郁情绪是一种正常的情绪困扰，当人们遇到精神压力、生活挫折、痛苦境遇、生老病死、天灾人祸等情况时，都有可能产生不同程度的抑郁情绪。

2. 现实因素：抑郁情绪是由现实层面的事件引发的，可以随事件消失；而抑郁症可能是无缘无故的情绪低落，不是由某个事件引发。

3. 持续时间：抑郁情绪是短期的，大多在两周内能得到缓解，通常可以自我调节；但抑郁情绪持续两周以上，就可能是抑郁症了，不能自行缓解，必须接受专业的治疗。

4. 危害程度：抑郁症严重影响人的社会功能，使人不想工作和学习，食欲不佳，甚至产生自杀等行为；而普通抑郁情绪对生活和工作不至于造成非常严重的影响。

二、我们为什么很难走出抑郁

上面我们比较了抑郁症和抑郁情绪，也知道了抑郁情绪虽然是一种正常的情绪困扰，但是如果一直陷入其中，也会带给人痛苦的感觉，形成心理困扰；同时，抑郁本身就像一个泥沼，会令人越陷越深，以至于很难走出抑郁。我们来看一个案例。

【案例】

小陈是一位 28 岁的妇产科女医生。一周前，她给病人做手术的时候不慎犯了一点错，发现后立即上报了，后来经过及时处理，病人情况良好。事后她与患者协商调解了，但是这次事故还是被定为技术性医疗事故。根据规定，小陈的年终专业技术考核被定为不合格。

事发后，小陈认为自己不应该犯这样的错误，同事肯定会因此看不起她，她对自己很灰心、失望。她还觉得这次事故肯定会让自己无法评上职称，更别谈晋升了，自己简直就是一个失败者。想到这里，她就更加沮丧、抑郁，甚至晚上都睡不着觉，白天上班也没有精神，后来连同学聚会也不想去参加了。

从案例中看出，小陈发生了一些现实性事件，就是手术犯错，导致她产生了消极的看法："我怎么能犯这样的错误？经过这件事情以后同事都会看不起我。"小陈对此感到沮丧，情绪低落，进入抑郁心境。这种抑郁心境又反过来导致她总是从负面的角度看问题，引发强烈的自责——觉得自己简直就是一个失败者。当她再去研究自己为什么会这么无能的时候，她的抑郁情绪又加深了。所以，她陷入了消极思维和抑郁情绪之间的恶性循环：消极想法—抑郁—消极想法—抑郁。

这种恶性循环是因为过分的自我思考及自我反省导致的。对自我的过分反省，在心理学上被称作"过度思考"，简单来说，就是想太多。过度思考是因为一个人深信通过反复思考可以找到解决问题的方法并且克服抑郁情绪，但事实上，当他过度思考，反复、精疲力竭、集中注意力地去想这个问题和它所带来的负面感受时，不仅无助于解决问题，还会让自己继续陷在想要摆脱的抑郁情绪里，继而带来自卑和自责感，最终导致抑郁情绪越来越严重。

此外，也因为他全身心陷入自我关注中，导致自己与社会的联系变弱，缺少外在能量的输入，变得垂头丧气、软弱无力，从而加重抑郁状态。

如果不能正确地看待抑郁情绪，没有找到合适的应对方法，我们就会陷入抑郁情绪里，渐渐地，我们的抑郁状态会逐渐加深，到那时抑郁情绪可能会转化为抑郁症。再次提醒一下，如果抑郁状态达到抑郁症的地步，一定要寻求专业医生的帮助和治疗。为了不让抑郁状态加深，我们可以通过以下几个有效方法来帮助驱散抑郁情绪。

三、驱散抑郁情绪的有效方法

（一）调整认知

1. 改变不合理认知

上节我们介绍了合理情绪疗法及 ABC 理论：引发情绪的不是事件本身，而是你对于事件的看法，合理情绪疗法对抑郁情绪同样适用。以上述案例为例：

事件 A：由于个人技术失误造成一起医疗事故。

信念 B：我不应该发生这样的操作失误！我不可能再成为一名优秀的医生了，我没有前途了。

结果 C：抑郁情绪。

小陈的不合理信念导致了她的抑郁情绪，因此可以尝试去驳斥这种不合理信念。

驳斥不合理信念	建立合理信念
哪个医生能保证自己不发生失误呢	人无完人，我也不可能永远不失误或犯错
有名的专家是不是都没有犯过错呢	成长需要过程，一次失误不至于否定前途

她需要改变自己的不合理信念，建立起合理信念，进而调节抑郁情绪。

2. 森田疗法

心理学上，有一种森田疗法，主张八个字：顺其自然，为所当为。

（1）顺其自然

对于自己的抑郁情绪，我们首先要去接纳它，不要强迫自己，也不要压抑或者排斥它，采取不对抗的状态。抛弃过度思考，有的问题真的不一定会有答案，不用去考虑自己为什么抑郁，也不一定非要寻找缓解抑郁情绪的方法。

（2）为所当为

我们尽量不要受情绪状态的影响，努力去做我们本来该做的事情。虽然目前我们很痛苦，但是过去的事情没有办法改变，我们应该把注意力放在有意义且有效的事情上。案例中的小陈可以选择继续上班、继续做手术、继续参加同学聚会。

（二）调整行为

1. 寻求社会支持系统

与人交流可以使我们找到情感的寄托。比如有些人郁闷了很久，和朋友聊聊心情就会非常好，因为他们的情感得到了宣泄，并且得到了朋友的共情和宽慰。所以，当状态不佳的时候，试着逼自己走出去，和亲人朋友聊聊，参加一些活动或加入一些积极正面的社交团体。

2. 冥想

步骤如下：

（1）找一个安静的地方坐下，保持放松舒服的姿势。

（2）闭上眼睛，缓慢、有节奏地呼吸，想象舒适安全的环境、美好的旅行、舒服的家等，记住身体上的感受。

（3）结束时，睁开眼睛，可以再坐几分钟，感受此时的平静、安全和愉悦。抑郁来袭时可以花几分钟回忆这种良好的感觉或者花几分钟练习冥想，使自己重新找到安宁和良好的感觉。

3. 制定目标

当有抑郁情绪并产生不想做事情的念头时，先制定一些清晰、明确、可执行的小目标。小目标不容易产生压力和失败感，更容易成功，产生成就感，从而增强自信，自信又促使我们走出下一步，慢慢就可以恢复行动力。另外，带着目标去做事情，更容易集中注意力，没有时间去过度思考，可以避免陷入情绪陷阱。

4. 运动

运动可以让身体产生多巴胺，它是大脑神经细胞受到刺激而分泌出的一种化学物质，能够让人产生愉快的感觉。每周可以进行三次 20 ～ 30 分钟低强度的体育锻炼。

除以上几种有效的方法之外，还有一些生活中常用的方法，比如听音乐、旅行等。

四、小结

1. 抑郁症的定义：是临床上一种心理和精神上的病症。

2. 抑郁症的典型症状：

（1）持续的情绪低落。

（2）对周围的一切失去兴趣。

（3）自我评价低，感觉自身毫无价值。

（4）注意力不集中，记忆力下降。

（5）疲劳，没力气。

（6）行动缓慢。

（7）睡眠问题（失眠／嗜睡）。

（8）食欲减退，体重减轻。

（9）有死亡的念头。

3. 抑郁情绪的定义：是一种以情绪低落为主的正常的情绪困扰。

4. 抑郁情绪与抑郁症的区别：

（1）性质：抑郁症是临床上一种心理和精神上的病症，而抑郁情绪是一种正常的情绪困扰。

（2）现实因素：抑郁情绪由现实层面的事件引发；而抑郁症可能是无缘无故的情绪低落，不是由某个事件引发。

（3）持续时间：抑郁情绪是短期的，大多在两周内能得到缓解；但抑郁情绪持续两周以上，就可能是抑郁症了。

（4）危害程度：抑郁症严重影响人的社会功能；而普通抑郁情绪对生活和工作不至于造成非常严重的影响。

5. 我们很难走出抑郁的原因是过度思考。

6. 驱散抑郁情绪的有效方法：

（1）认知上：改变不合理认知；森田疗法。

（2）行为上：寻求社会支持系统；冥想；制定目标；运动。

五、思考及作业

记录一件最近引发你抑郁情绪的事情，具体记录下引发情绪的 A、B、C（A 是事件，B 是信念，C 是感受），选择本节中所列举的方法（一种或者多种）来调节抑郁情绪，并详细记录之后的感受和效果。

比如：

A（事件）	B（信念 / 想法）	C（感受 / 结果），比如情绪低落、食欲不佳……

案例分享

感情出现问题到底是不是我的错？

一、案例描述

秋安是一名大三学生，她的男朋友是曾经的高中同学。高中毕业之后，两个人就确立了恋爱关系，但是因为高考后选择的学校在不同城市，所以两人相恋三年以来，只有寒暑假的时候才能见面，剩下的时间基本上都是通过手机进行联系。秋安一直都很喜欢男朋友，将来的人生规划也把和男朋友结婚、生孩子放了进去。虽然一直是异地恋，但是秋安觉得两个人的关系一直都很好，很少会吵架。也因为不能经常见面，秋安有时候确实是觉得有点委屈，但是一想到两个人毕业之后就可以到同一个城市工作，那就可以每天见面，一起慢慢地讨论结婚的事情，秋安的心里就多了一些安慰和希望。

可是，秋安发现男朋友最近似乎对自己不像以前一样了，开始经常性地不回信息。当秋安询问男朋友的日程安排时，男朋友会支支吾吾地说和平常一样。秋安感觉到男朋友的状态好像不对，于是她去了男朋友的城市，想要看看男朋友的情况，同时也想给他一个惊喜。当她到男朋友学校的时候，却看见男朋友和其他女孩子在操场上牵手，秋安很是惊讶、生气，直接冲过去质问男朋友。男朋友说他和那个女生在一起已经有一个月的时间了，主要原因是自己受不了异地恋，而那个女生可以在自己有事情的时候及时帮助自己，秋安脾气也不好，有时候会和他吵架，吵架让他觉得很烦。最后，男朋友直接跟秋安说了分手。

这件事情发生之后，秋安已有一周的时间不愿意吃东西，晚上经常睡不好，频频做噩梦，整天郁郁寡欢；朋友稍微提到和恋爱有关的事情，她就会流眼泪，上课也经常走神儿。朋友和秋安聊了一次，发现秋安认同男朋友的说法，认为这都是自己的错，自己之前没有对男朋友更关心一点，在男朋友需要自己的时候没有办法马上去陪他，有时候还会和他发脾气。不仅如此，秋安还开始觉得自己以后再也找不到男朋友了。

二、案例分析

（一）抑郁情绪的产生及其表现

1. 从案例中我们可以看出，秋安在这段关系中投入了很多的感情和精力，最终却以分手收尾，这件事情不仅让她预期的人生规划破灭，也让她产生了玥显的抑郁情绪。

2. 抑郁情绪的表现：案例中，秋安出现了长达一周的情绪低落，并且伴有食欲减退、睡眠质量不佳以及注意力减退的情况。另外，秋安在和朋友聊天的过程中表现出了较多自责、内疚的想法，将事件的原因都归结到自己的身上，并因此开始怀疑自己将来是否还能找到男朋友。目前秋安所受的影响并没有达到抑郁症的程度，但是如果任其发展下去，就有可能从抑郁情绪转变为抑郁症。

（二）给出方法

1. 改变不合理认知

我们能够在案例中发现，秋安现在存在一些很明显的不合理认知，列如"觉得男朋友劈腿是自己的错，如果自己对男朋友更关心一点，男朋友肯定就不会劈腿了"，这是"绝对化要求"的不合理信念；觉得"因为自己的问题才会导致男朋友劈腿"，这是"以偏概全"的不合理信念；"觉得之后自己再也找不到男朋友了"，这是"糟糕至极"的不合理信念。实际上，任何关系的失败都不是单方面的原因，秋安应该改变自己对于这件事情的不合理想法，充分考虑到这段关系的失败也有男朋友本身的原因，不是靠自己一个人的努力就能保证一段关系不结束，而且这段关系的失败也不代表着自己永远都找不到男朋友了，自己还有美好的未来，并且会遇到真正珍惜自己的人。

2. 其他方法

秋安也可以运用森田疗法：不去想男朋友的事情，去接纳自己抑郁的情绪；不用自责、内疚，把注意力放在自己应该做的事情上，比如继续学习。

秋安也可以寻求社会支持，找朋友和家人倾诉，多参加一些社会活动等，这些都有助于她走出抑郁情绪。

除此之外，秋安也可以选择运动等方法。

名句赏析

我并不认为对所有的事情都应该改变想法，怪罪到他人身上。只有在一个情况下应该这样做：在抑郁的时候。抑郁的人常常把不是他的错也揽到自己身上，他们常去负不需要负的责任。

——马丁·塞利格曼

● 第五节

冲动是魔鬼——控制愤怒

本节将从解读愤怒开始，探讨愤怒背后的原因和我们习惯性应对愤怒的方式，最后分享几个化解愤怒的方法。

一、愤怒是什么

与焦虑、抑郁一样，愤怒也是一种情绪感受，是人类的一种原始情绪。通俗地说，愤怒就是当我们的预期或愿望未能达成时，内心受挫而引起的紧张情绪。

我们在愤怒时，因为情绪紧张，会伴有音量提高、声音颤抖、手部出汗、心跳加速、呼吸急促、双肩紧张等一系列的身体反应。这些信号都在提醒着我们，我们正处在愤怒的情绪体验中。

从大脑的结构来看，脑部的边缘系统和大脑皮层分别执行不同的功能。边缘系统掌管情绪，也叫情绪脑；而大脑皮层则是大脑的 CEO，被称为理性脑，负责理性思维、道德评价和判断的执行，是我们施展社会功能的重要脑区。当我们处在愤怒中时，大脑边缘系统处于活跃状态，抑制了大脑皮层的功能发挥，这也就是"冲动是魔鬼"的直接原因。由于负责情绪的边缘系统掌管了大脑，我们无法进行理性思考和判断，很容易受到情绪的负面影响而做出冲动行为，导致不良后果。

愤怒一方面会损害我们的身心，让我们抓狂，不加约束的愤怒甚至会让我们做出冲动的行为，在日后每每想到都觉得后悔不已；但另一方面，任何情绪都是了解自己的一面镜子。当我们觉察到了愤怒的信号，了解了生气的原因，不仅能帮我们发觉内心真正的需要，甚至可以选择运用合理的方式化解愤怒，让愤怒来帮助我们。这时我们便成了愤怒的主人，而不是一味地被愤怒牵着鼻子走。

二、愤怒背后的原因

愤怒是当我们的预期或愿望未能达成时，内心受挫而引起的紧张情绪。由此，我们可以发现，愤怒情绪的产生有一个重要的认知误区，即我发出了愿望，对方就应该满足我。正因为有了这个认知前提，所以当预期或愿望未能达成时，我们才会如此生气和愤怒。

比如，饭店的服务员动作慢，我们很生气，这是因为我们有一个认知：服务员的动作就应该像我们认为的那样快，服务员都是动作迅速的人。

又比如，在自己过生日时没有收到男朋友的礼物，我们很愤怒，这是因为我们有这个认知：男朋友就应该在我过生日的时候主动送上礼物。

再比如，我们在工作中为了得到领导的认可和表扬，做了百分之两百的努力，一次比一次付出的精力多，但结果却是领导既没有关注到也没有称赞我们，我们再次感到很愤怒。这是因为在我们的认知里，我们的努力就应该得到称赞。

由此，我们可以看到这里面有一对冲突——期待和现实的反馈之间的冲突。我们发出了期待，但是现实满足不了。其实，也许是现实不愿意去满足，也许是现实根本就无力去满足。比如饭店的服务员，可能就是不愿意加快速度，因为他此刻身体很疲惫；而没有送礼物的男朋友，也许真的很想买，但口袋空空；至于给不出称赞的领导，或许他也从未被称赞过。因此，我们的期待与现实能否满足绝对是两回事。可能对方压根就不愿意满足我们，也可能他根本没有能力来满足。

在期待落空，内心产生愤怒感后，我们通常会采取以下几种应对方式：

（一）指责

我们会直接指向让我们产生愤怒情绪的人和事，以怒治怒。比如，面对服务员动作慢的事情，我们会选择批评服务员，或者向饭店投诉。

（二）埋怨或是抱怨

抱怨比指责的强度低，不像指责那样具备较强的攻击性。比如，我们可能因为没有收到生日礼物，常常和男朋友碎碎念，总是翻旧账。

（三）隐忍

我们有时选择忍下来，不跟对方计较。比如，那个得不到称赞的员工，可能喝了几顿闷酒后，选择自己默默承受。

（四）讲道理

有时是给自己讲道理，劝说自己别太生气；有时我们会给对方讲道理，希望他能够改变。

（五）发泄

由于不能将怒气直接发出，我们可能会选择一些其他的渠道来发泄，比如购物或者大吃一顿。

此外，可能还会有很多种应对愤怒的方法。我们可以思考一下，这些方法是否真的有效？是否真的能帮助我们平复情绪，或者帮助我们顺利达成愿望呢？

如果没有，建议大家可以放弃这些无效策略了。我们生气、讲道理、不断地隐忍压抑，但我们发出的期待依旧无法获得满足，愿望持续受挫，会一直感受到无能、无力和挫败感，所以我们应该学习一些有效的管理愤怒的策略。

三、正确管理愤怒的步骤

（一）深呼吸 10 次，平复情绪，让理性回归

一般来讲，情绪都有一个波动规律，任何情绪的自然波动都是一个由低到高，再由高转低的曲线过程。也就是说，只要我们不刻意地强化，愤怒的感受从高峰到

低谷至多持续 90 秒。当愤怒的情绪处于高峰时，理智是不工作的，而我们想要做些对自己有利的事却需要依靠理智脑。所以，我们必须平复愤怒的情绪，理智才能开始工作。

我们可以简单地调整呼吸，放松身体的紧张部位，通过身体的感觉告诉大脑："现在不太紧张，可以放松了。"接收到身体的信号时，大脑的边缘系统就会逐渐地退出工作，让理智脑恢复正常运转。具体的做法是：感受到愤怒后，什么都不要做，什么都不要想，尝试深呼吸，慢慢地吸气、呼气，一次一次地做，完成 10 次后，再感觉一下，如果愤怒的感受还是那么强烈，那就再做 10 次，直到我们感觉良好。

（二）分析你的期待

理智脑回归，我们就可以开始分析愤怒的过程了。就像之前说的，愤怒的背后都有一个期待，正是因为这个期待没能被满足，所以我们陷入强烈的愤怒体验中。

在情绪平静后，你可以问自己这样一个问题："我期待对方如何对待我？"

有些愤怒，在这个问题被问出之后就可以得到化解，因为在你问出这个问题之后，你就容易发现自己的期待是非理性或不可能实现的。

比如想得到称赞的员工，当他发现自己的期待是"我努力了，就应该得到称赞"，这一期待一经浮出水面，显然就可以看出，努力与得到称赞这两者之间没有必然的因果关系，领导的工作职责其实并不包括必须要给予员工称赞。尽管失望，但当他理性地认识到期待并不是都能实现之后，愤怒的情绪也就逐渐消解了。

我们再看那个期待得到生日礼物的女孩，当她问自己："我期待对方如何对待我？"她的回答也许是："我期待他能主动送我礼物。"

那么，接着问："这意味着什么？"

女孩回答："这意味着他很爱我。"

于是，女孩发现了自己内心真正的需要——需要感觉到被爱。

我们可以发现一个人内心深处对于"需要与表达"的链接方式，站在女孩的角度来看：对方主动送礼物就等于自己被爱。但是对于关系而言，关系是发生在两个人之间的，一方认同的表达方式未必也能得到另一方的认同，毕竟每个人的思维方式和表达方式都是不一样的。同样是表达爱，每个人采取的方式可能千差万别。男孩未能以女孩期待的形式去表达，就说明男孩不爱吗？显然不是。那么，他们的问题该怎么解决？如何让女孩获得被爱的感受，消解愤怒的情绪呢？接下来我们继续看第三步。

（三）邀请对方参与，共同发现能够满足需要的方法

其实，当女孩意识到愤怒是因为没收到礼物，而没收到礼物等于对方不爱我的时候，就已经成功一大半了。

接下来，我们只需邀请对方一起参与，告诉对方自己的需要和期望被对待的方式，或者请对方说说他喜欢的表达爱的方式，这些都是帮助解决这个问题的方法。

情绪是我们自己的，由情绪发现的内在心理需求，也是我们自己的。所以，我们要学会为自己的需要和情绪负责，那么表达需要就是负责的第一步。有时，我们希望自己不表达，或者以愤怒的方式表达，对方就能感知到，自己就可以被满足，这其实是一种源自婴儿时期以为世界会主动满足我们的幻想，这对他人也是极高的要求，是一种难度系数很高的能力，并非人人具备。

更何况，我们真的了解自己内在的真正需要吗？我们知道自己在渴望什么，在期待什么吗？如果我们自己都模糊不清，他人又如何得知呢？

当我们能够更好地了解自己，我们也就能发展出自我满足的能力，这也是认识自我的意义以及个人成长的价值。

四、小结

本节解读了日常生活中常见的情绪——愤怒。

愤怒，是当我们的期待或愿望未能达成时，内心受挫而引起的紧张情绪。因此，平复情绪，分析我们愤怒背后潜藏的期待和需要，以理智的方式认识这些期待的合理性，或找到能满足需要的其他方式，是我们从根本上化解愤怒的方法。

面对愤怒，我们尽量不去压抑和逃避，而是要转向愤怒之中，理解我们愤怒的原因，只有这样才能真正了解自己，掌控愤怒。

五、思考及作业

请你分析一下自己愤怒背后的期待。

1. 回忆一件你印象最深的、让你生气或愤怒的事情。

2. 简单描述一下事情的过程。

3. 分析愤怒的原因：愤怒的背后隐藏了你什么样的认知？隐含了何种期待呢？

4. 如果再次面对这件事情，如何应对才能够帮你更好地化解愤怒呢？

案例分享

一个"呵呵"引发的愤怒

一、案例描述

"呵呵"曾经一度是网络流行用语。

不同的人对"呵呵"的理解不同，使用"呵呵"的场景也不同。有时，"呵呵"是表示还没想好如何回复；有时"呵呵"可能是表示无奈；有时是表示结束谈话的暗示……

对于新月来说，"呵呵"绝对是让她愤怒的导火索。每当有人给她发送的消息里出现了"呵呵"，或是当面和她说了"呵呵"，她便怒从中来、气愤不已。关系普通的人对她发出"呵呵"，新月通常还能够控制自己的怒气，可是当与关系亲密的人交谈时，如果对方发出"呵呵"，这两个字就像引爆点一样，会瞬间点燃新月的怒火。

下面是新月的好朋友在微信上给她发送了"呵呵"后，两人的一段对话。

新月："你们怎么都和我'呵呵'，我有那么好笑吗？"

好朋友："我没有笑你啊！"

新月："你就是在笑我！不光是你，他们也总笑我，他们笑我也就算了，你是我最好的朋友，你怎么也这样对我！"

好朋友："我怎么笑你了？就因为'呵呵'两个字吗？"

新月："你明知故问，这不明显就是在笑话我吗？我只是和你说如果再找不到男朋友，我就去当尼姑，你却跟我来了句'呵呵'，不就是嘲笑我嘛！"

好朋友："我真不是笑你，我以为你是开玩笑呢，所以就随口回了一句。"

新月："唉……"

好朋友："看来是有些误会呀，那你希望我如何回复你呢？"

新月："嗯……（思考）你可以告诉我不用担心，我这颗金子早晚会有人发现的；或者你说你会和我一起做尼姑，我应该会感到开心。"

好朋友："明白了，原来你想要的是我的理解和支持。"

新月："是呢，别看我说得潇洒，其实心里还是觉得压力挺大的，想有人安慰我一下。"

好朋友："记得去年我失业的那段时间吗？是你一直支持我。我理解你的感受，放心吧，我会一直站在你身边、一直陪伴你的，咱俩是好朋友啊！"

新月："听你这么说，我真开心。"

二、案例分析

（一）愤怒情绪的引爆

愤怒的情绪通常都有一个引爆点，可能是因为对方说了什么、做了什么，或是在某种特定的环境，当这些外在因素与我们内在某个不能触发的部分相连了，怒火便会被引爆。

对于新月来说，那个引爆点就是"呵呵"。"呵呵"让她感受到来自对方的嘲笑，而这种嘲笑令她愤怒。当"呵呵"引发的误会发生在她与好朋友之间时，她们通过恰当的办法，找到了化解愤怒的方式。

（二）给出方法

1. 深呼吸10次，平复情绪，让理性回归

当"呵呵"引发新月的愤怒时，这时大脑是不够理智的。新月可以调整呼吸，试着放松身体的紧张部位，通过身体的感觉告诉大脑："现在不太紧张，可以放松了。"当接收到身体的信号时，大脑会逐渐恢复理智状态。

具体的做法是：感受到愤怒后，什么都不要做，什么都不要想，尝试深呼吸，慢慢地吸气、呼气，一次一次地做，完成10次后，再感觉一下，如果愤怒的感受还是那么强烈，那就再做10次，直到感觉良好。

2. 分析背后的期待

显而易见，当新月诉说"困扰"时，她期盼得到的一定不是玩笑，而是陪伴、理解、安慰和支持。好朋友没能了解到新月的期待，也没能给新月提供她所需要的心理能量，而使用"呵呵"来回复，导致了新月对她的误解。

3. 表达需要，共同找到方法

当好朋友询问新月期待的是什么时，新月坦诚地表达了自己的内心需要。这不仅能帮助新月更加了解自己，也可以帮助好朋友真正地理解新月并更明确地为新月提供支持。当新月的内在需要被发现，然后表达出来，并与朋友共同找到解决方法时，由"呵呵"引发的怒气也得以平息。

名句赏析　对人类最有害的误解之一就是，认为情绪和理性是对立的。

——菲利普·津巴多

扫描领取 配套课程

● 第六节
转压力为动力——提高抗压力

学生时期的我们会因为每一次考试感受到压力，工作后我们会因为工作任务复杂烦琐而感受到压力，生活中我们会因为和不喜欢的人相处而感到压力，也会因为孩子成绩落后而感受到压力。从学校到工作到家庭，我们这一生经历着无数的压力，有时候压力多到让我们喘不过气来。面对压力，我们常常感觉自己抗压力很差，怎么才能提高抗压力呢？首先来看一下下面的案例。

【案例】

小七，是一个 27 岁的女生，刚刚研究生毕业的她开始进入职场打拼。在旁人眼中，小七是一个瘦瘦高高、举止大方且善于交流的女生。可是就在短短的一年之后，小七发生了很大的变化，不仅身材上越来越胖，还变得不爱说话了。问其原因，小七嘴里三句话不离"压力大"。她和同事抱怨说："来这上班之前我就听学姐说过，这里的工作压力很大，可是我没在意，来了之后发现，压力大到我只能靠暴饮暴食来解决了。工作中我经常遇到问题，领导也经常因为工作的错误批评我，我感觉工作压力真的太让我心烦了。我也不知道该怎么办才好，怎样才能摆脱这种让人烦躁的压力呢？"

俗话说："知己知彼，百战不殆。"要想提高抗压力，先从正确认识压力开始吧。

一、正确认识压力

（一）对压力的片面认知

从心理学上来说，压力是一种由心理压力源和心理压力反应一起构成的认知和行为过程。我们对压力的认知通常是"压力有害"，会习惯性地放大压力的消极作用，认为生活在压力的环境中有损健康，还会影响效率，阻碍学习和成长。当在新闻中看到某某公司的员工过劳死时，我们会认为是他承受了太多的工作压力导致身体不堪重负。我们总是把压力妖魔化，当提到压力的时候，永远都会伴随着"压力好大，好烦啊"或者是"我感觉现在压力大到喘不上气了"这样的想法。殊不知，这种错误的认知才是影响我们生活和健康的关键。心理学中有一个经典的理论——安慰剂效应，即病人知道自己吃的是安慰剂，但因为相信安慰剂的治疗有效，最后症状得到了缓解。如果把安慰剂效应放在我们对压力的认知中呢？如果我们总是认为压力会影响我们的效率和健康，那么我们将会一直生活在压力笼罩的痛苦中。

就像案例中的主人公小七一样，工作之后每每遇到问题都没有想办法去解决，第一反应就是感叹压力好大，让自己好烦，而且感觉工作中的这些"压力"让自己持续地情绪下降，所以才靠吃东西来缓解心情，身材也因此变胖。她总是抱有这种对压力的消极看法，因此心情才会越来越差，生活也就发生了不好的变化。

2013 年，哈佛大学的一项调查研究显示，67% 的人认为虽然承受着压力，但是会认为自己在压力状态下的表现比较出色。

所以，让人消极的决定因素并不是压力本身，而是我们对压力的态度。我们可以通过看到压力的积极作用去正确认识压力，从而改变我们对压力的态度。

（二）压力的积极作用

1. 适当的压力能够提高效率

心理学上有一个很有意思的关于压力和效率的理论，认为压力和效率是"倒 U 型"关系：当人们面对大的压力时会产生焦虑情绪，效率会降低；较小的压力会感觉没有动力也会降低效率，但适度的压力会增加动力，从而提高效率。我们平时的工作中，如果领导要求在三天之内完成一个对我们来说有些难度的任务，那么我们的工作效率会是平时的几倍，神奇地在三天内保质保量地完成了平时需要一周才能完成的工作。这就是企业要制定绩效考核的原因。考核是一种激励的模式，是为了给员工适当的压力，从而增加工作动力，提高工作效率。

2. 适当的压力能够让人学习成长

经历压力事件之后，我们的大脑会回忆整个压力事件的过程，并从经历中学习和成长。如果解决了问题，那么我们会回忆在压力场景中我们是怎么做的，总结成功的经验；如果事情没有解决或者出现了问题，那么我们会想到底是哪里出现了问题，不断汲取教训。从压力状态中恢复会鼓励我们并让我们汲取教训，帮助正确应对之后类似的压力事件。压力能够让人成长的这个积极作用，可以在很多时候帮助到我们。比如过几天你要在全公司员工面前汇报工作，如果你是一个很害怕做公众演讲的人，那么可以适当地利用压力让人成长的这个作用，找一个地方对着几个同事练一练；练完之后，你会在压力恢复期中一直回忆刚才的场景，这可以帮助你找到自己的问题，习惯面对他人演讲这个事情，克服当众汇报工作的焦虑。

3. 适当的压力能够加强与他人的联系

压力不仅会提高我们的效率、促进成长，还能够加强我们和他人的联系。当我们遇到解决不了的问题而产生压力时，我们会选择向他人求助，同时，当他人遇到问题和压力的时候，他们也会选择向我们求助，这些都是压力下的亲社会的行为。还有研究发现，压力状态下的人更容易产生催产素，催产素会让我们倾向于和他人建立联系，而且能够让我们更愿意去理解和相信别人。

因此，提高抗压力首先需要正确认识压力。只要我们摒弃压力有害论，跳出对压力的错误认知，合理看待压力，认识到压力的积极作用，学会去拥抱压力，去和压力相处，我们的抗压能力就能得到很大的提高。

案例中的小七，她应该认识到压力也有积极作用。每当在工作中遇到问题、感到压力的时候，她可以试着去想想：适当的压力能够提高效率，因为领导给自己的一些压力，所以自己能在很短的时间内出色地完成很多任务。适当的压力能够让人学习成长，如果自己能够解决这些问题，那么她将会学习到很多书本上不会讲授的实践知识，这将是一笔巨大的财富。适当的压力能够加强与他人的联系，当自己遇到问题的时候去咨询其他同事，这样既可以帮助解决问题，同时也促进了她和同事之间的沟通，加强他们之间的联系。

如果小七正确地去认识压力，或许就能更坦然地面对压力，慢慢地就能提高自己的抗压力。

当我们尝试从认知上正确看待压力的时候，我们就已经找到了面对压力的勇气和力量，但提高抗压力还需要学会正确应对压力的行为方式。

二、正确应对压力

面对压力时，案例中的小七选择以暴饮暴食的方式来逃避，但是这种逃避方式并不能帮她真正地解决问题，因为原来的压力还在那里，依然对她造成了很大的影响，甚至身材发胖也可能又给她添加了一层压力。

那正确的应对方式是什么呢？

（一）积极应对问题与变化

1. 要有未雨绸缪的观念

我们总会在生活、工作中遇到各种问题，感觉到各种难以缓解的压力。生活并不总是一帆风顺的，尤其是在现在快节奏的都市生活中，一切都充满了未知和挑战。试想一下，如果我们失去了现在的工作，生活和经济的压力会扑面而来，因此，我们要善于未雨绸缪。为了不去感受因失去工作而带来的压力，我们要去武装自己，让自己学习更多的行业知识；为了不去承受因完不成工作任务而带来的压力，我们可以合理规划时间，比如选择列表格的方式，计划好自己每个时间段的工作内容和整体的工作目标。

2. 面对压力我们要保持乐观的态度

许多抗压能力强的人都拥有乐观积极的态度和认知。乐观的人遇到压力时倾向于看到事情的积极面，看到自己能够解决的部分，所以他们会把压力看成是挑战，用行动代替抱怨。当我们面对压力的时候，我们也应该想一想如果解决了这个问题，我们将会有所收获，通过这种成就感将压力转化为动力。

3. 要善于从多方面考虑问题

面对压力，面对我们不好解决的问题时，我们要善于从多方面考虑，保持冷静，做情绪的主人。比如，单身女性面临催婚压力的时候，不要慌张，可以借此机会扩大交友圈，或者尝试提升个人魅力，或者与家长沟通不结婚的原因等。

（二）学会寻求帮助

与其默默承受压力，不如寻求帮助。当我们面对解决不了的难题或者感到压力的时候，尝试和朋友倾诉，寻求朋友的帮助。当我们把自己遇到的开心事和积极情绪与他人进行分享的时候，这是一个积极强化的过程。相反，当我们找他人倾诉压力的时候，就是一个弱化压力带来的消极情绪的过程。因此，当我们身处压力之中，不知道如何解决问题的时候，我们可以联系自己的朋友，向他倾诉，共同寻求更好的解决方法。

（三）缓解压力的小方法

1. 冥想呼吸法

冥想呼吸对于缓解压力和焦虑有着积极的作用。每天选择一个固定的时间，在安静的环境下，找到一个舒服的坐姿，放一首轻音乐，进行呼吸冥想的练习。下面介绍一个数呼吸的方法：

首先，伴随着音乐进行几次透彻的呼吸，用鼻子吸气，嘴巴吐气。呼吸的时候，要尽可能多地吸入空气，让自己的小腹慢慢鼓起来；呼气的时候，将气体排出体外。

然后，默数自己的呼吸，在吸气的时候，心里默数"一"，呼气的时候，默数"二"，吸气再数"三"，呼气再数"四"，一直默数到"十"，将这样一个过程作为一个循环；之后继续吸气默数"一"，呼气默数"二"……一直默数到"十"，就这样伴随音乐循环做上 5 ~ 10 分钟，感受自己的呼吸，让压力逐渐得到缓解。

2. 注意力转移法

当你感觉压力大到无法缓解的时候，尝试让自己的注意力从这件事情上转移到能让你开心的回忆中，或者转移到你喜欢的电影或者音乐等事情上。不要让自己的注意力一直僵持在让你有压力的事情上，适当地看看窗外的风景、听听音乐，或是和朋友聊聊天，都不失为一种好的选择。

三、小结

本节讲解了提高抗压力的两方面内容：正确认识压力和正确应对压力。从正确认识压力入手，压力对我们的影响，更多的是源于我们对压力错误的认知，这是因为我们坚持了"压力有害论"，因此提高抗压力需要改变我们对压力的认知，摒弃"压力有害论"，看到压力也有其积极作用：压力能够提高效率、促进学习和成长、增强人与人之间的联系。最后我们从行为层面讲解了正确应对压力的有效方式。

四、思考及作业

请写出你这一周在工作或者生活中面临的压力，并分析自己应对压力的方法是否有效。若效果不佳或无效，尝试用本节内容去提高抗压力。

案例分享

工作压力大，我该怎么办？

一、案例描述

舒桐毕业之后进入现在这家互联网公司工作已经有一个多月的时间了。刚来公司时，她对将来充满了无限的期待和想象，憧憬着自己会在职场中不断地成长为一个行业内知名的产品经理；但现在，她开始怀疑自己当时的选择是否正确，怀疑自己是否能胜任这份工作，甚至怀疑自己是否适合从事这个行业。

舒桐刚入职就发现，这家公司的工作节奏实在是太快了，而且其他同事用半天就可以完成的工作，自己可能需要两天的时间才能做完，并且在她战战兢兢地把工作内容交接给主管的时候，还会被批评质量很差。为此，她已经偷偷在卫生间哭了好多次。看着手头积压的一个个工作还没有完成，新的任务又陆续发到了邮箱，她感觉被工作压力压得喘不过气来，濒临崩溃。她开始失眠，好不容易睡着，还会梦到正在处理工作中的问题。

她想要放弃这份工作，但又觉得这样是临阵脱逃，所以她非常犹豫，陷入了一个两难的境地。

二、案例分析

（一）压力产生的原因

舒桐刚毕业就直接进入了一家工作强度相对比较大、节奏较快的公司，所以可能会存在没有准备好去面对压力的情况。从相对较安逸的校园环境进入到紧张的工作状态，都是需要一段时间去适应的，但舒桐目前在公司待了一个月的时间，还是没有很好地适应这份工作。我们可以看到，随着舒桐的压力越来越大，她开始失眠，并且开始怀疑自己当时的选择，怀疑自己的能力，甚至怀疑自己是否适合这个行业。舒桐基本上把压力都看成了是负面的，没有注意到压力在给自己带来挑战的同时，也可能帮助自己提升和改变，所以被压力压得喘不过气，感觉很崩溃，甚至想要放弃这份工作。

（二）给出方法

1. 正确认识压力

很显然，舒桐把工作当中的压力都看成了让自己产生消极感受的因素，所以她不能很好地适应目前的工作模式。

　　舒桐需要意识到工作中有压力是正常现象，所有人在工作过程当中都可能面对压力；而且压力不只是负面的，压力也有积极作用：压力能提高效率，压力能让人学习和成长，适当的压力也能增强和他人的联系。

　　因此，她需要做的是正确地去认识压力，坦然地面对压力，并且转压力为动力。这些都能帮助她更好地度过初入职场的适应阶段，让她在工作过程当中有更多的成长和收获。

　　2. 正确应对压力

　　（1）舒桐要对压力保持乐观积极的态度，清楚压力对自己的情绪状态有一定影响是正常的，但更为重要的是，她需要去看到自己能够解决的部分，用行动代替抱怨和焦虑。同时她也应该想到，如果解决了这些问题，自己将会有所收获，并且能享受事情解决之后的成就感。

　　（2）如果自己在解决某些问题上有很大的困难，或者遇到了确实没有办法解决的问题，舒桐可以去寻求同事的帮助。让同事告诉自己一些处理问题的技巧和方法，这样不仅有利于舒桐掌握有效解决问题的技能，同时对于她的人际关系也会有一定的好处。

　　（3）一旦出现明显影响自己的情绪状态的压力问题时，舒桐可以寻求社会支持。她可以选择跟好朋友倾诉来缓解消极情绪，或者是与他们沟通寻求更好的解决方法。

名句赏析　　对抗压力最强大的武器，是我们选择想法的能力。

——威廉·詹姆斯

● 本章知识拓展

心理效应——踢猫效应

一、含义

踢猫效应，是指对弱于自己或者等级低于自己的对象发泄不满情绪而产生的连锁反应。"踢猫效应"描绘的是一种典型的坏情绪的传染。人的不满情绪和糟糕心情一般会沿着等级和强弱组成的社会关系链条依次传递，由金字塔尖一直扩散到最底层，无处发泄的最弱小的那一个对象则成为最终的受害者。其实，这是一种情绪的传染。

二、小故事

一位父亲在公司受到了老板的批评，回到家就把沙发上跳来跳去的孩子臭骂了一顿。孩子心里窝火，狠狠地踹了身边打滚的猫。猫逃到街上，正好一辆卡车开过来，司机赶紧避让，却把路边的孩子撞伤了。

三、启示

在现实的生活里，我们很容易发现，许多人在受到批评之后，不是冷静下来想想自己为什么会受批评，而是心里面很不舒服，总想找人发泄心中的怨气。

其实这是一种没有接受批评以及没有正确认识自己错误的一种表现。受到批评后心情不好是可以理解的，但批评之后产生的"踢猫效应"，不仅于事无补，反而更容易激发更大的矛盾。

第四章

自卑蜕变计划
——如何走出自卑的怪圈

【摘要】

　　自卑的人会经常感受到一种无力感和不安全感，并常常处于焦虑、难过、不甘以及痛苦中，影响人际关系。本章将讲解自卑的根源以及无法走出自卑的错误认知，重构认知结构，介绍习得自信的方法，并针对"社交恐惧"与"内向者"进行详细分析，分享克服社交恐惧及突破内向的方法。

【学习目标】

1.了解自卑的根源。

2.洞悉自己无法摆脱自卑的原因。

3.学习打破自卑，提高自信心，过自信的人生。

4.克服社交恐惧及突破内向。

● 第一节

你潜在的自卑感来源于哪里

一、什么是自卑

自卑，是一种由于低估自己而产生的情绪体验和自我评价，是个体对自我在某一方面或整体上的主观感受，所以很多时候我们也将其称为自卑感。

适度的自卑感可以为我们提供帮助。与"谦虚使人进步"的机制相似，在自卑感的驱动下，我们能够发现自己的不足，主动设置目标，并发展出行动能力，更好地完善自我、适应环境。但过度的、严重的自卑感却是自我发展的一个障碍，让我们对自己产生消极的、负面的体验，在行为上表现出退缩、恐惧或自我强迫。毫不夸张地说，严重的自卑感对我们是极具破坏性的。

自卑感普遍存在，每个人或多或少都会受到自卑的影响，差别在于程度和影响范围不同。比如，有的人极度自卑；有的人在职场上有自信且能很好地胜任工作，但在亲密关系领域却胆怯、自卑；还有的人平常说话聊天都信心满满、流畅自如，但在关键场合却突然语塞或辞不达意。本节主要讨论那些对个人发展产生不利影响，使人严重或过度低估自己、否定自己的自卑感。

二、觉察自卑

通过对自我感受的觉察，我们可以发现自卑的程度和影响方式。觉察自卑的途径有三种：

第一，对自己的总体感受是消极的。

第二，总是感觉无能为力。

第三，总是感觉被忽视否定，觉得自己一无是处。

选择一个安静的时段，静下心来问问自己，感受一下内心，你喜欢自己吗？对自己的整体评价是什么样的？是更为积极一点的，还是消极一点的呢？

如果你对自己的整体感受是偏向消极的，那么你可能正受到严重自卑感的侵扰，会产生对人生无法掌控、对问题无法应对的无力感；甚至有些时候，你总是会感觉被环境忽视、被他人否定，陷入到自己一无是处的挫败感、郁闷感和愤怒感之中难以自拔。

三、自卑的行为表现类型

过度自卑影响下的行为表现分为两大类：一类是自我否定和自我挫败型，另一类是自我证明和完美主义型。

（一）自我否定和自我挫败型

【案例】

晨晨在与男性交往方面非常缺乏自信。她在两性关系中的不自信与第一个男朋友对她的评价有很大关系。他经常这样形容她："别人都是白白胖胖的，你怎么又黑又胖呢！"尽管在这之后她曾经有过三段恋爱经历，但她始终觉得自己对男性没什么吸引力，总说他们不会喜欢她这种"女汉子"型的大大咧咧的女生。晨晨在和一位男士愉悦相处了半年后，向这位男士进行了"表白"，也正是这种自卑心理作祟，她是这样说的："我很喜欢你，你是知道的，但你并不喜欢我，这我也是知道的。那我们好聚好散，见一面就结束吧！"这样一段被晨晨视为"表白"的话说出后，那位男士再也没有回复晨晨的信息，他们之间便真如晨晨所说的"好聚好散"，不了了之了。

由于晨晨内心坚定地相信自己是不被爱的、是没有魅力的，甚至连问都不问对方，就认定对方不喜欢自己，进而主动把事情搞砸，也就真的导致了"表白"的失败。当问到晨晨为什么要选择这样的"表白"方式时，她说这是对自己的保护，因为自己说完之后如果对方再说出不喜欢自己的话，心里就不会那么难受。晨晨的这个行为就是典型的"自我否定和自我挫败"的行为模式。

与晨晨一样，过度自卑的人由于相信自己是能力不足的、是不够优秀的、是差劲的、是不被爱的，所以他们会经常做错事，甚至在关键时刻搞砸事情，让自己真正成为那个能力不足的、不优秀、不被爱的人。

自我否定和自我挫败型的另一种行为方式是不敢展示与表达自己，迈不出行动的步伐。

因为遵循"不去行动"和"制造错误"两种方式，他们巧妙地避开成功，品尝到失败，而失败的滋味又再次验证了自己的不足，继续保持着自卑的自我认知，继而做出"不去行动"或"制造错误"的行为，反复体验着自己的"一无是处"。

（二）自我证明和完美主义型

与自我否定和自我挫败型行为相反，有些人会以自我证明和完美主义的行事风格来避免体验自卑，从而形成一系列具有心理补偿效果的行为。也就是说，这类人会坚持使用自我证明和完美主义的方式证明自己的优秀，从而补偿和掩饰自己内心深处的自卑。

源于对自我较高的要求和期待，大多数时候，自我证明和完美主义的行为方式是能够帮助我们取得成就的，而取得成就的领域，就是我们认为能够证明自己价值、为自己带来信心的领域。从这个角度来说，自我证明和完美主义有着一定的积极意义。

自我证明和完美主义型的人，为了补偿和掩饰自己内心深处的自卑，会有两种具体的表现。第一种，不敢闲下来，让自己始终处于忙碌的状态，一旦闲下来就会感觉心里发慌，不知所措。第二种，尽管已经得到了很多证明，但还是能感受到内心的空虚、疲惫和耗竭。由于是借助外在的证明来弥补自卑，不是出于对自我的信任，因此这类人的内在是空洞的。有一种说法叫"空心病"，正是对这种状态的生动描述。也就是说，只要内在的自卑情结得不到修正和调整，内在自信得不到灌注，我们的重心就始终在外，成功也只是表象，无法给予我们脚踏实地的踏实感和源源不断的前行动力。

四、自卑的根源

任何一种行为的发生，背后都是有观念作为支撑的。也就是说，一定是先有了想法，才产生行为。因此，自卑的行为背后，也一定有关于自卑的想法。这个想法就是一个人认为自己不好、不够优秀、不值得爱，或者是不值得被重视的自我认知。正是在这种负向、消极、否定的自我认知的驱动下，他做出了一系列带有自卑风格的行为。而这种自卑的自我认知又来源于哪里呢？

自卑的自我认知与他人的评价有关。我们对自我的认识和评价，很多时候都是在别人评价的基础上加以认同，把别人对自己的评价变成了自己就是这样的"事实"。比如前面讲到的晨晨，这种不被喜欢的评价最终形成了她对自己的错误的认知。

自卑的自我认知还可能与某段经历有关。比如在成长过程中遭遇过意外、重大疾病、严重的创伤性事件，或者经常性地被欺负、被虐待，生活在孤单无助的环境中等，这些都是自卑认知的根基和土壤。

相较于发掘自卑的根源，我们应该把着力点放在重建自信的方法上。毕竟，我们的目标是拥有幸福的人生，而重建自信，无疑是达成这一目标最直接有力的方式。

五、小结

本节主要介绍了自卑的概念、感受层面的自卑觉察、行为层面的自卑表现以及自卑的根源。

在成长经历及他人的评价中，自卑的人相信了"自己不够好，自己不值得，自己不优秀……"这样的观念。在它的驱动下，他们执行着两种行为方式。一种是采取主动犯错或逃避退缩的行为方式，以符合"自己不够好"的自我认识，反复体验无力感和消极的挫败感。另一种是借助心理补偿的行为，努力地证明自己，极力避免"自己不够好"的负面体验。

六、思考及作业

思考：

1. 你对自己的总体感受如何？你是如何评价自己的？

2. 你对自己的哪些方面不太有信心？

3. 在不太有信心的领域，你采用了哪类行为模式？是主动犯错还是退缩逃避？你是怎么做的呢？

案例分享

为什么我总感觉自己一无是处？

一、案例描述

小堂是家里唯一的孩子，从小就比较内向，不太主动和其他的小朋友一起玩。但是父母一直对他期望很高，希望他可以在生活的方方面面中都表现得很好，所以他们每次都会推着小堂去表演节目。有一次小堂没有表演好，其他人开始笑话他，回家之后他的父母也狠狠地批评了他。

从那之后，小堂就开始习惯性地以为不会有人喜欢自己，一到周末就宅在家里，不出门和朋友们玩。父母也因此经常批评小堂，而每当这个时候，小堂总是沉默不语地躲进房间里。虽然有的时候，一些同学会叫小堂一起出去玩，但小堂很担心自己会做出不合群的行为，惹大家嘲笑，所以每次都会找借口推托。

进入大学之后，虽然小堂一直都特别喜欢弹吉他，自己也会在网上搜索一些教学视频来学习，但是他不敢加入吉他社团，因为他担心自己参加社团后，会被其他人说他弹得不好、学得慢。

现在到了找工作阶段，小堂开始害怕去面试，因为小堂感觉自己在大学四年没有学到任何东西，觉得用人单位肯定不会要一个一无是处的人，他肯定会被公司拒绝。

小堂的父母心里很着急，会经常催促小堂出去找工作。小堂也很纠结，想要工作，但不敢去面试。他每天都在担心自己将来的生活，却不知道要怎样才能走出现在的状态。

二、案例分析

（一）自卑的危害

从案例中可以看出，小堂非常关注他人对自己的评价，所以一直处于一种不自信的状态，认为自己在人际交往、社团活动、工作等方面都不能取得较好的表现，最后通过回避的方式去应对问题，反倒让问题更加无法被解决。

（二）自卑的类型

小堂的自卑属于自我否定和自我挫败型。小堂在学习和生活中不敢展示、不敢表达自己，迈不出行动的步伐，经常有退缩行为。而不敢去找工作与找不到工作之间又存在着明显的验证效应。也就是说，小堂不敢去找工作，导致小堂真的没有工作，而这也验证了小堂觉得自己找不到工作的想法，造成小堂反复体验着自己"一无是处"的感受。

（三）自卑的原因

在小堂的童年，父母对他抱有高要求，希望小堂在所有的事情上都有较好的表现，但一次没有表现好而被其他人嘲笑和被父母批评的经历对小堂造成了极大的影响。从此以后，他经常担心自己在生活当中被其他人评价，会认为自己处理不好所有的事情，导致自我评价很低。

> **名句赏析**
>
> 每个人心中都有潜在的自卑感，只是程度的轻重不同而已。
>
> ——阿德勒

扫描领取 配套课程

● 第二节

改变认知，走出自卑的阴影

在上节内容里，我们认识了自卑的情绪感受和行为表现，并探讨了自卑的根源，本节将开启"走出自卑阴影"的大门，带你重塑自信。这趟回归自信之旅将从挑战自我认知开始，分析自我认知的不合理内容并修正它，从而改善认知结构，修复自卑心理。

一、对自我认知的挑战

自卑的根源主要是认为自己不够好、不能胜任、不值得被爱的自我认知。因此，想要走出自卑的阴影，首先需要检查或挑战一下这个结论——那些我们相信已久的认知，真的是正确的吗？它是在帮助我们，还是在给我们制造障碍呢？

一起来看一下小超的故事。

【案例】

正在读大学二年级的小超打算放弃学业了。他说，从小到大他都要付出比别人更多的努力才能达到优秀。时至今日，他感觉身心疲惫，无法继续努力了。他一直觉得自己的家庭条件很普通，自己也没什么过人之处，除非格外努力，否则就一事无成。凭借这种信念，小超一直保持着优异的成绩，但就在考上重点大学的第二年，小超的精神状态几近崩溃，学业也被迫停了下来。

当询问小超会不会因为考入重点大学而感到骄傲时，小超苦涩地笑了一下，轻轻摇摇头说了一句对自己的消极的否定式的评价：我从没觉得自己有什么可骄傲的。尽管小超有很多优秀的外显成绩，但他从未真正地为自己感到自豪和骄傲。也就是说，尽管小超看起来很优秀，但在他的内心，自己依旧是一个"没什么过人之处，除非格外努力，否则就一事无成"的自卑小孩。

该如何帮助小超改变自卑的心理状态呢？我们先从小超的自我认知开始分析。

二、不合理认知的表现

"没什么过人之处，除非格外努力，否则一事无成"是小超对自己的评价和看法。这个评价有这样几个特点：

（一）过分概括化

每个人都是由很多特质构成的，比如看到弱者会伸出援手，这源于他乐于助人的特质；遭遇挫折会激发斗志，这来自他勇于挑战的特质。一个人的成长是一个不断变化的过程，有的人虽然小时候胆小，但长大后却变得坚毅勇敢。同时，在不同的场合和环境下，一个人也会呈现出不同的状态，比如在家里和在学校，一个人的言谈举止是不同的。因此可以认为，每个人都是流动的、变化的，他们的表现是和具体情境高度相关的；而任何对一个人高度概括化的定义，都是片面的、绝对化的、站不住脚的。

比如，"没什么过人之处"就是小超对自己的一个高度概括化的定义。难道小超在各个方面都不如别人吗？难道小超在从小到大的二十年里，始终没有优越之处吗？一句"没什么过人之处"就概括了一个人的全部特质和整个成长经历，并覆盖了全部生活场景，显然是不够全面的，也是不合理的。

（二）非黑即白，极端思维

自卑认知倾向的第二个特点就是非黑即白的极端思维，即按照"不是……就是……"的两极化来进行定义。比如，小超觉得自己"除非格外努力，否则就一事无成"，这就陷入了极端的思维方式。好像除了努力和一事无成，就不再有第三种选择了。

一旦被呈现出来，我们就能很容易地发现这一信念的不合理性。人生的成功只能依靠努力吗？当然不是。家人的支持、朋友的帮助、人生的伯乐、一次正确的选择、一个前瞻性的判断、一次大胆的尝试或者一个偶然的机会，都有可能让我们成为人生赢家。条条大路通罗马，到达幸福的彼岸有很多种方式，努力只是方式之一而已。

（三）糟糕至极

糟糕至极的表现有两个。一个是自我贬低，认为自己很糟糕。小超的"处处不如人"就是对自己糟糕的概括。另一个是担心未来会糟糕，甚至认为未来一定就是糟糕的。比如小超的"除非格外努力，否则一事无成"，就是一种认为如果不努力，未来将会极端可怕、糟糕的负向认知。

可以看出，这种双重的糟糕至极的定义和感受，几乎将小超带入了信心耗竭的状态。一方面，他不相信自己足够优秀，不信任自己能够有好的未来；另一方面，他认为不努力，未来就一事无成。这让小超失去了分辨能力，只是一味地努力、一味地奔跑，认为"努力"是逃离糟糕未来的唯一途径。

三、如何修正认知

发现了自我认知的片面性和不合理性，以及由它产生的自卑心理的感受和行为表现，接下来需要做的就是修正它。

（一）破除自动思维过程

自我认知是一种以自动化和难以被觉察的形式植根于我们大脑中的思维结构。

在第二章中，我们提到过惯常模式，同样，自我认知属于惯常的思维模式，具备自动思维的特征。一旦大脑中产生了某种认知，我们就会倾向于跟随这个认知。当跟随的次数足够多，而这种认知又始终没能被挑战或修正，我们就会"相信"它。

日后，它便成为了不假思索、自动进行的隐藏思维模式。

想要破除自动思维，需要先发现它们的存在和运作方式。具体的方法是通过对自己不断地提问，让自动思维浮出水面。

当我们感受到了由自己不够好而产生的负面情绪时，尝试着问自己这样几个问题：

1. 在什么样的情境下，发生了什么事让我感受不好？

2. 具体感受到了哪些负面的感受？自己不被接纳？丢脸？还是被指责？

3. 在发生的事情和感受中间，可能存在着哪些思维过程？哪些与自我认知相关？

当把这个过程经历一遍，便不难发现：我们通常是在事件或情境中，以及在他人的语言或行为中感受到一种情绪、情感，但很少去思考"环境"和"情绪"中间的思维过程；然而正是这个思维过程决定了我们的感受。这些决定我们感受的思维，就是自动化的隐藏思维。

（二）找到支持和不支持的证据

当发现了自我认知，便可以尝试找出一些证据，看看我们对自我的认知是否能够成立。比如，小超认为"自己处处不如人"，那么小超可以按如下步骤进行思考：

1. 请列出支持"自己处处不如人"的证据。

2. 请列出不支持"自己处处不如人"的证据。

在不支持的证据当中，只要有一条存在，那么"自己处处不如人"的结论就不成立了。经过小超的认真思考，他发现，几乎没有办法证明"自己处处不如人"，而想要推翻这个结论，简直太容易了。比如，他考上了重点大学，这就比很多高中同学都强；他自律性强，有目标，而且自己也做得很好，而他的好几个朋友都是毫无计划，盲目度日；小超还发现，他其实很关心家庭，也正是因为觉得家里条件一般，想以后多挣钱为家人改善生活，才会如此努力，他觉得自己是一个有孝心和责任心的人，这也比身边的一些同学强。

其实，小超还可以在这个部分发现更多不支持"自己处处不如人"的证据。只要往这个方向去思考，就能够找到自己身上更多的闪光点。这个发现证据的过程，就是帮自己调动脑中对自己的积极评价，而所发现的这些优点和资源，都是搭建自信的重要基石。

（三）巩固，让优势思维自动化

正如负面评价会自动化一样，当我们在第二步积累了很多正向、积极的自我评价后，需要不断地强化这些思维和内容，让它们成为新的自动化思维。这个过程其实就是对自己正向评价的不断巩固。下面分享几个具体的小方法：

1. 写"自信日记"，每天用 10 分钟时间总结自己今天做得还不错的地方。

2. 请熟悉自己的朋友、信任的领导、长辈或身边亲近的人，提供对自己的积极看法，并询问他们理由。

3. 当自己做出了一点成绩后，积极地给自己鼓励。

这些都能够帮助我们不断巩固、内化和建立新的自我认知。通过对"我是优秀的、独特的、足够好的、有能力的、值得被爱的"这一积极认知的不断强化，我们会对它越来越信任，于是新的认知带动正向的自我感受，驱动积极的行为表现，一个关于自信的"认知—感受—行为"的良性循环就能搭建和运转起来。

四、小结

本节首先对不合理的自我认知发起了挑战，发现了它是如何运用高度概括化、非黑即白的极端思维和糟糕至极的方式影响了我们对自己的评价，从而形成了自卑心理。在此基础上，分享了如何破除旧的、有消极影响的自动化思维，找到自身优秀的证据，建立并巩固积极认知，从而走出自卑的方法。

五、思考及作业

找到自己优秀的证据：

1. 写自信日记，在日记中写下自己近期感觉做得好的或者成功的事情，以及是怎么做到的。

2.请身边信任的朋友，提供几点对自己的积极看法。

你可以选择以上的一个或两个方法来练习，为自己的自信添砖加瓦！

如何一步一步走出自卑？

一、案例描述

小云是一名在读大二女生，从小到大她学习成绩一直都很好，但是她一直觉得自己是一个很自卑的人，因为她比其他女孩子稍微胖一些。在小云小的时候，因为胖她没少被班里的一些小男孩起外号，父母也为她的身材发愁，因此开始控制她的饮食，还会说"小云你这样以后肯定找不到男朋友，将来的发展也会受到很多的限制"之类的话。小云刚开始会为了让父母开心而顺从父母，但之后会觉得很难受，于是节食没几天就开始吃一些高热量的食物，这样的结果就是小云一直在减肥，但是始终没有成功。

上大学之后，小云开始不愿意出宿舍门，也很少和其他同学一起出去玩。小云从心底里觉得其他人不喜欢自己，因为自己长得胖，所以常常自己一个人偷偷地躲在被子里哭。舍友有时候会在宿舍聊天，但小云觉得自己参与不了她们谈论的话题，所以一般都会躲在一边不说话。

有时候跟高中同学聊天，她说感觉自己哪也不行，减肥不成功，到现在也没有在学校交到比较好的朋友，觉得自己可能一辈子都是这样了，更不可能交到男朋友，没有人会喜欢这样的自己。

二、案例分析

（一）自卑的来源

从案例中可以看到，小云因为胖，在小时候总是受到其他同学嘲笑，父母会强迫小云减肥，同时对小云有很多的指责，小云自己也失去了信心，怎么减肥都减不下去，这些都让小云产生对自己的不合理认知（负面评价）：觉得自己所有的地方都不好，感觉没有人会喜欢自己，可能一辈子都交不到男朋友。这些针对自己的不合理认知一直存在于小云身上，导致了小云的自卑心理。

（二）给出方法

针对小云的自卑情况，想要帮助她走出自卑的泥沼，我们必须要改变她关于自己的不合理认知。

1. 破除自动思维过程

小云需要意识到自己存在不合理的认知，而这样的想法主要有"过分概括化"和"糟糕至极"这两种特征。"自己哪也不行"存在过分概括化的特征，其实小云只不过是身材稍微有一点胖而已，但是小云的学习成绩很好；"可能一辈子都是这样了，更不可能交到男朋友"属于"糟糕至极"的想法。

建议小云在出现自卑情绪的时候，停下来问一下自己：现在发生了什么呢？我想到了什么呢？哪些可能是我对自己的负面评价？我产生了什么样的情绪和感受呢？这样之后她就会发现，可能是自己的想法导致了不良情绪的产生。

2. 找到支持和不支持的证据

小云可以慢慢寻找一些支持自己想法的证据和反对自己想法的证据。例如，针对"自己哪也不行"这个想法，小云可能确实能找到"我减肥不成功""我现在没有很多朋友"等证据来支持，但是同时也可以找到"我现在还是有几个好朋友的，比如我的高中同学""我学习成绩一直很好"等证据来反驳它。之后，她可能就会发现其实自己也不是哪都不行，慢慢就会意识到有的时候自己在过分关注自己的不足。

3. 巩固，让优势思维自动化

在意识到自己可能存在一些对自己的负面的评价和想法之后，小云可以通过写自信日记的方式去总结自己在生活中每天都做得比较好的地方；也可以请熟悉的朋友评价一下自己，让自己从更多的方面去看到自己；还可以主动地与舍友交流，让舍友了解更多自己的想法，同时和舍友建立起良好的人际关系；在觉得自己取得了一些新的成绩的时候，可以适当地鼓励自己。这些都能够帮助小云不断巩固、内化和建立新的自我认知，积极的认知会带给小云更多正向的自我感受。

名句赏析	一只站在树上的鸟，从来不会害怕树枝断裂，因为它相信的不是树枝，而是它自己的翅膀。
	——佚名

● 第三节

解锁自信新模式，走向积极人生

上节内容主要分析了自卑心理下的认知模式和主要表现，以及如何改写"过分概括化、非此即彼和糟糕至极"的不合理认知。那么，除了以改写不合理的认知结构的方式走出自卑之外，我们还能做点什么来重塑自信呢？

通过小博的经历，看看我们能否得到一些启发。

【案例】

32岁的小博，大学毕业后选择留在北京奋斗，已经在任职的科技公司工作五年了。由于业务扩展，公司决定在大连建立分部，考虑到小博已具备独立带项目的能力，大连又是他的家乡，因此公司非常希望小博能出任大连分公司的负责人。

对于小博来说，这本来是一件好事。一方面，这是升职加薪的机会；另一方面，回到老家工作是小博一直以来的梦想，而以派遣的方式回去，也算是"衣锦还乡"了。但是这份喜悦没持续多久，小博就开始变得焦虑、惶恐、惴惴不安，开始犹豫到底要不要去大连。这样的转变是为什么呢？

回顾过往，小博发现自己每次遇到喜欢的人或事，就会"变怂"。曾经他对一个女孩特别心动，然而伴随心动而来的，还有更强烈的紧张和不安。因为紧张和不安，小博只和这个女孩接触了几次，便不欢而散。他说高考时也是一样，自己明明最喜欢的是生物技术专业，但是心里总觉得考不上，于是报考了其他专业。

从小博的故事中，我们可以看出"自己喜欢的，总是得不到"是小博对于自己喜欢的人或事的关系认知。在这种关系认知的背后，其实是"我不配得到自己喜欢的"或者"我没有能力得到自己喜欢的"这样的自我认知；而这种认知，导致小博在面临自己向往的工作时，既想尝试又担心不能胜任，所以他不敢接受这份挑战。

运用上节挑战不合理认知的方法，可以帮助小博在思维层面突破自卑。那么，在行为和感受层面怎么建立自信呢？下面分享几个方法。

一、设置合理的目标

没有目标，我们的判断会受限于当下的感受，导致我们避开挑战，只会去那些感觉熟悉、安全，但不一定是自己期望的地方，并可能因此避开成功。而设立目标，可以帮我们确认目的地，并时刻检验我们是否正朝着正确的方向前进。有了合理的目标，当下如何选择和判断就变得容易多了。

此外，目标让我们对自己的人生和方向有掌控感和确定感，而掌控感和确定感的获得能帮助我们稳定自己，增强信心。当我们知道，我们正行进在正确的道路上，做着正确的事情时，我们会主动关注那些能够帮我们达成目标的要素，而不去过度关注非目标任务的影响。由此，我们自身是环境中的稳定和主动要素，我们将基于对自己人生方向的把控来选择环境要素，这会大大增强自信的感受。

在缺乏目标的时候，小博会在是否去大连任职的事情上陷入矛盾，但如果他对自己的人生和职业进行规划与梳理，便不难发现，去大连就职不仅符合他的期望，而且是达成目标的重要途径之一。

此时小博的决定应是基于自己的人生目标，而不是受限于因自我不合理的认知而产生的负面感受上。这个决定是小博思考过的、有意识的结果，是尊重自我的选择，也是对自己的人生更负责任、更自信的选择。

因此，建立自信的重要一步是思考并建立合理的人生目标。目标是方向，能帮我们做出取舍和判断，并增强确定感和掌控感。我们不妨将目标的设置比喻为建立自信的"火箭头",指引我们前往希望到达的地方。

二、内化温暖的关系

虽说人生的路需要自己走,但我们从来都不是一个人。

成长过程中,那些爱我们、温暖我们、给予我们理解和支持的人,他们带给我们的积极感受,始终伴随着我们。无论在过往、当下,或是未来,我们都活在关系中,也始终得到关系的滋养。特别是在那些艰难的时刻,关系的力量更是超乎想象。

在我们朝向目标前进的过程中,我们依旧需要支持、信任、建议、抚慰和鼓励。就像小博一样,尽管他做出了去大连任职的决定,但面对分公司业务的全新启动,等待他的是未知和不确定。"分公司能做出业绩吗?能发展壮大吗?"其实小博心里也在打鼓。他拨通了几个发小的电话,电话那头的哥们儿有的给他分析了大连的经济势头,有的说终于能聚在一起了,有事儿一起扛,还有的说自己手头有哪些资源可以给他提供帮助……这些都让小博觉得,尽管前方有挑战,但自己并不孤独。关系的魔力就在于此,如暖阳一般滋养心田,给予我们力量。

所以,不断地去感受关系给予我们的积极力量,是建立自信非常重要的一步。这个关系也许是无条件爱我们的父母,也许是对我们疼爱有加的爷爷奶奶,也许是不离不弃的恋人,也许是教导过我们的老师,甚至是等待我们做出榜样的孩子……只要我们去寻找,温暖的关系就一定存在。正是因为在关系中,有人爱着我们,关心、关注并接纳我们,我们才能更加坚信自己是足够好的,是值得被爱的。

要想让温暖的关系发挥作用,我们不仅需要"知道"它的存在,更需要"感受"它,也就是通过内化这种积极感觉,让它长在我们的内心深处,成为我们的一部分。具体怎么内化呢?在任何感觉舒服的时候,我们放松身心,沉浸其中,享受它们带来的美好感觉;可以借助听自己喜欢的音乐、呼吸清新的空气,或者在公园里晒晒太阳等方式来帮助自己达到这种舒服的感觉,并且深化这种感觉;在这种舒服的状态下,回想在关系中那些给我们温暖、让我们感受到力量的话语和场景,这样我们就会记住这些温暖的关系，带上这些温暖的关系，犹如"充了电"一般，昂首阔步，朝向目标继续前进。

三、行动并积累优势

在目标的引导和关系的滋养下，我们开始搭建为实现目标所需的真实能力——能够达成目标的每一个优势、资源和每一次行动的成果累积。

真实的自信必须建立在现实之上。不论我们认为自己有多好，都需要让这种观念和感觉落地。只有通过行动得到现实的验证和良好的反馈，才能真正夯实自信。这个过程就好比，一个运动员在每次训练中都能打破世界纪录，却从未在世界比赛中打破世界纪录一样。对他来讲，训练中打破世界纪录的成绩从未得到赛场的验证，因此它总是比不上世界比赛中打破纪录所带来的那种信心。

要想建立自信，必须通过行动得到现实的验证和反馈。所以每当我们得到了一些积极的现实回馈后，就要把它们记录下来。

1. 积极的回馈让我有什么感受？

2. 这些回馈让我看到自己的哪些能力或是优势呢？

3. 我可以把这些优势和能力运用到其他方面吗？

行动带来的每一次积极回馈会带来积极的感受，再由积极的感受产生积极的认知。这样，我们就开始书写自信的故事了。随着自信故事越写越多，越写越丰富，一个良性的"行为—感受—认知"的循环就运转起来了。

四、建立自信的其他建议

接下来再分享几个塑造自信的小建议。

1. 感官。感觉器官对于感受的作用是最快速、明显的，因此我们可以借助感觉器官产生良好的感觉，从而带来自信。比如，我们可以利用触觉来放松，摸摸舒服的沙子、柔软的垫子、毛茸茸的宠物，也可以享受舒缓、治愈或兴奋的音乐来"喂养"听觉。让味觉和视觉去享受一下也是不错的选择。

2. 阅读。在信息芜杂的时代，发达的认知系统能够帮助我们解惑，帮助我们看得更深、更广、更远，帮助我们进步并带来自信。阅读能够帮助我们完善认知系统或者找到目标，因此阅读一些能够积累优势的书籍或读物会是非常好的选择。

3. 微笑。如果你愿意的话，可以每天面对镜子微笑，对自己说："我相信我是最棒的。"每天可以多做几遍。为什么这种方式会有效呢？因为大量重复的行为可以帮助我们塑造认知。这个过程是一种心理暗示，大脑会记住"微笑"的感觉和"我相信我是最棒的"的积极体验，之后大脑会按照记忆的内容，调节认知并指导我们的行动。所以，别害羞，开始微笑吧！

五、小结

本节分享了建立自信的三个方法：设置目标、内化温暖关系，以及积累行动优势。目标，就像是自信的"火箭头"，它确保我们人生的方向，也带给我们掌控感和方向感，帮助增强自信的感受；而一段温暖的关系，能带给我们力量，让我们相信自己值得被爱，并且足够优秀；行动和现实的积极回馈是自信的坚实基础，在行动中收获的优势和能力，能够强化正向的自我认知。

六、思考及作业

设立自己的人生目标：

小时候，我们可能都有梦想，你是否还记得自己的梦想呢？现在，请你再次为自己设立一个合理的目标。

你想成为什么样的人？你想做成什么样的事？你对自己未来的想象是什么样的？可以描述一下吗？描述得越详细越好，越详细就越能帮助你实现它。请勾画出你的未来吧！

面临艰巨的任务，怎么突破重围？

一、案例描述

　　小雷目前是一名工商管理专业的大三学生，他的学习能力和社会实践能力一直被学校的老师看好。和他有过交集的老师都认为小雷以后肯定会在工作中表现得很出色，将来也会有很好的发展和前途，所以在校期间，老师一般会把一些比较重要的工作和任务交给他去做。一方面是相信他可以把这些工作做好，比较放心；另一方面也希望通过这个过程不断提升小雷的能力。

　　最近商学院要举办一场大型的知识竞赛，组织活动的老师想找一个可以负责整个竞赛流程的人，他首先想到的就是小雷。小雷刚开始很痛快地答应了老师，但回到宿舍之后，他就有点后悔，觉得自己答应得太草率了。他想到自己之前从来没有负责过这么大型的竞赛类项目，也不知道前期需要准备什么；况且，之前很多有经验的学长在准备竞赛的时候，也出现了很多的意外情况，防不胜防。他怀疑自己是否真的有能力能保质保量地完成任务，他也不相信自己能比学长更有能力。想到这些，他就越来越没有信心。所以在后来的筹备项目阶段，小雷也是消极应对，知识竞赛筹备进度缓慢。

二、案例分析

（一）分析原因

　　从案例中可以看出，小雷在遇到一个有挑战性的任务时，出现了不自信的想法和状态。他觉得自己没有参与过这么重大的项目，没有信心做好，也没有信心保证项目不出错。他认为自己接受了一个不可能完成的任务，而且自己答应得太草率了，如果到了真正的竞赛现场肯定会漏洞百出。

（二）给出方法

针对目前这种不自信的情况，小雷可以通过下面几个方式去调整和改善，重新树立自信心。

1. 设置相对合适的目标

这次竞赛的规模相对较大，而小雷感觉自己没有丰富的经验，所以自信心不足。其实，他完全可以把整体的目标分解成小目标，一步一步来完成，让每一个环节都尽可能把握在自己的可控范围内。小目标的难度确实会降低，但是当他真正完成一个小目标后，他就会自信大增，发现大目标并没有自己想象的那么难，只要扎扎实实去推进，绝对可以保证项目筹备工作的顺利开展。

2. 寻求朋友和老师的支持和帮助

小雷在实现目标的过程中肯定会遇到各种各样的问题，这个时候他可以去寻求老师和朋友的帮助，让他们提供一些工作方法和处理问题的建议。老师和朋友的帮助会让小雷感觉到自己不是孤军奋战，会对自己的挑战充满信心，对自己、对现状持有更加积极的态度。

3. 开始去制定计划，并行动

小雷可以开始着手准备项目筹备工作的相关事宜，并且在执行过程当中不断地发现自己的闪光点和优势，增加对自己的正面评价。如果他能将这些闪光点和优势总结积累下来，便能重新认识自我，树立信心。

名句赏析　　自尊取决于成功，还取决于获得的成功对个体的意义。

——佚名

扫描领取 配套课程

● 第四节

直面人际，无惧社交

一、你"社恐"吗

当提到"社交恐惧"这个话题时，总是令人感觉很沉重，但"社交恐惧"真的有你想象的那么恐怖吗？你知道"社交恐惧"的内在心理基础吗？本节将带领你重新认识"社交恐惧"，并了解突破社交恐惧的具体办法。

当今社会，似乎对我们的社会交往能力提出了更高的要求。有些观点认为，社交能力强，人生的发展自然会更顺利。当不善社交的人也认同了这一观点时，他们便会开始改变自己，让自己具备社交能力、善于社交，以符合社会的主流认知。

实际上，是否擅长社交与是否擅长写作、是否擅长运算之间没有什么本质的区别。在这里需要澄清一个概念：我们不是试图让一个不擅长社交的人变成擅长社交的样子，因为这和让一个不会写作的人变成作家一样难。同时，我们尊重每个人性格中本来的样子，并相信无论是何种性格，其本身都蕴藏着独特的能量。

本节讨论的焦点是由于自卑心理而导致的社交恐惧。其区别在于，有自卑心理的人会在需要或适合的环境下社交，他们有不擅长的社交领域，但并不会因此产生过多的困扰；而有社交恐惧的人是由于过分或不合理地惧怕来自环境中的某种客观事物或情境而导致惧怕社交，或带着畏惧去忍受社交的行为和状态。

所以，你可以觉察一下自己属于哪种状态，并思考这些问题：是社交令我产生困扰吗？如果是，那这种困扰来自哪里？是来自社会评价与自我感受的冲突，还是对社交环境的惧怕呢？

其实，只有那些来自环境中会让我们产生过分或不合理惧怕的感受而导致的社交回避或带着惧怕去忍受社交的行为，我们才称为社交恐惧。

二、社交恐惧的四类原因

在提出解决方案之前，一起来思考，哪些因素会让人产生社交恐惧呢？

（一）害怕遭到拒绝及因此产生的羞耻感

有些时候，一些人瞻前顾后、不愿意主动的原因是他们害怕来自对方或环境的拒绝及恶意。所以，除非是别无他法，否则他们能不主动就不主动，自己能解决的问题绝不求助于人，避免各种社交可能。

这类恐惧的前提假设是：他人会拒绝我，或他们会恶意相迎。而"自己可能是不受欢迎的"这种假设的心理基础，正是自卑的根源。正是因为带着这样的认知，他们害怕被拒绝或被恶意地对待，所以内心产生了羞耻感，于是出现了退缩或是不到万不得已不会主动社交这两种行为表现。

（二）害怕表现不完美及因此产生的焦虑感

除了害怕遭到拒绝外，第二类因素是害怕自己表现得不够完美。

因为时刻担心自己的表现，这类人在社交中常常感到紧张和手足无措。他们担心自己的各个方面：自己的仪态是否得体、表现是否礼貌，或是用词是否恰当……这些都可能成为他们的担心和顾虑，而由于担心表现得不够完美而引发的焦虑感，会让他们小心翼翼、惴惴不安。

同样有一个认知假设存在于他们脑中，那就是"我必须保持完美"。由于僵化地保持着这个信念，他们要求自己必须时刻以最好的状态示人，而这和要求会让他们长期处于紧绷和应激状态中。于是，他们便会刻意地回避一些场合，以此来缓解紧绷感，得以放松。

这类自卑通常源于对自我的不接纳。他们由衷地相信，不完美的自己不会被他人和环境接纳，因此他们一贯地、强迫性地要求自己必须完美。

（三）害怕负面评价及因此产生的愤怒感

第三类因素是害怕负面评价。

可以想象一下，当你自己表达了一些观点或是做了某些事情之后，等待你的是那些令人难受、难堪的负面评价，你还愿意去说些什么或是做些什么吗？

趋利避害，是我们自然的选择。所以，"有人会评判、批评、指责我"的这种认知，会让一些个体产生回避行为。由于太过担心他人会随意地评价自己，因此他们会选择不去参与社交场景，尽量少接触他人以规避负面评价。而"不中听"的评价，又常常会引发愤怒情绪。因此，当无法掌控别人的评价，又难以消除评价带来的愤怒情绪时，他们便会更努力地逃离社交。

（四）害怕被看到缺点及因此产生的贬低感

还有一类恐惧社交的人，他们不愿或不敢社交的原因是害怕那种被人盯着看的感觉。因为在他们的感受中，他们感觉自己赤裸地暴露在他人面前和环境之中，别人看到的都是他们的缺点，这让他们感到非常地不自在，并产生强烈的被贬低感。

在日常的交往中，这类人特别担心有人关注自己。如果让他们上台做演讲，那简直就是戳中了他们的命门。在他们的成长经历中，可能有一段被过度关注缺点、被取笑或贬低的创伤遭遇，为了保护自己，他们发展出了一种不愿社交的行为表现。

将过往创伤性的贬低感与当下社交的预期相混淆是这类行为的诱因；"别人会因为我的缺点而看不起或者取笑我"是他们的自我认知，而这种自我认知带来的自我贬低感，是让他们极其痛苦的根源。

三、如何做到无惧社交

针对以上四类原因，我们接下来提出的三个方法，将帮大家做到无惧社交。

（一）去自我中心化

在谈"去自我中心化"之前，先了解一下什么是"自我中心化"。

自我中心化，是人类心理发展过程中，以自我为中心的认知状态。一个儿童因受认知局限和思维发展水平的影响，会认为外界及他人的想法与自己是保持一致的。而随着认知的不断发展，这种以自我为中心的思维方式会逐渐褪去，我们逐渐认识到，每个人都会对不同的事情有各自的看法。我们会在某些事情上保持基本一致，比如春节全家团聚；但在一些具体问题上每个人会持不同意见，比如对春节怎么团聚或在哪团聚的看法不尽相同。

在成长的过程中，自信建立得越不牢固，就越难以"去自我中心化"。也可以说，"自我中心化"是对自卑心理的保护。在我们内心感觉自卑时，借助于相信外界及他人的想法与自己是一致的这种想法，的确是一支心理安慰剂。

去自我中心化，需要我们认识到外界与我们的想法并非完全一致。当下的外界也并非如我们想象的那样在关注、否定、贬低和批评我们，或是一定要求我们做到完美。一切认知其实都来源于我们自己，恐惧亦是如此，这是过往经历在我们身上的印记。当我们保持自我中心，在过往认知和感受的影响下，认为一切都来自外在，而实际上，这都来源于自己。

我们将"过往的"与"当下的"区分开，不将"自我的认识"与"他人的认识"相等同，这就是去中心化的关键，也是帮助我们走出社交恐惧的核心认知。

（二）积极想象法

正如之前所说，社交恐惧的情绪基础是一种基于假设而产生的惧怕。关于假设的认知，我们可以采用找证据的方式进行破除。其实，关于恐惧的感受，可以采用积极想象的方法予以调整和缓解。

首先，放松。恐惧的感受最初是通过躯体的反应在大脑中形成的。大脑借由肌肉状态、动物神经系统等信号，将躯体的紧张视为"恐惧"。因此，我们通过身体的放松可以再度与大脑形成链接，让大脑从"恐惧"的状态中解放出来。

当身体紧张的时候，我们从头到脚关注整个身体，用意识的注意带领身体各部位逐渐放松。在松弛的状态下，我们便可以开始想象操作了。

然后，积极想象。你可以闭上双眼，想象是什么让自己惧怕社交。假如是害怕被评判，那么此刻请想象最让你感到紧张、恐惧的情境，也许是一次专业的研讨会，想象一下你发言前的感受。如果非常紧张，再想象一下你可能会采取哪些方法来化解，比如使用刚刚说到的放松的方式。接下来，如果感觉好些了，再想象你开始发言，旁边的人是否会看着你？讲述完观点，他们会如何评价你的发言？如果有让你感受到不舒服的评价，你将会如何应对？想象脑中有一个吸尘器，可以把所有的评价吸光，那些被吸走的评价以后不会再困扰你了。

我们可以做任何的想象来帮助自己降低社交中的恐惧感。每个人都可以根据自己紧张恐惧的原因，发挥想象。大胆尝试一下吧，相信你可以发展出最有助益的想象方式。

（三）演练与倾诉

我们可以在家人和朋友面前通过描述社交场景的方法，将剧情提前上演，释放恐惧情绪。在家人和朋友的关注下进行演练，会让你感到那些想象中的惧怕也许并不真实，实际上，你也会收获赞美和支持。对恐惧情境的准备，不仅会提升你的表现能力，还会帮助你矫正"惧怕"的感受，获得力量。

另外，你也可以与信任的人倾诉社交恐惧带来的困扰。比如与朋友分享社交恐惧对生活的不利影响、对社交恐惧的看法，以及社交中困扰你的真实原因。在这个过程中，借由朋友的倾听和包容，你也开始学习自我接纳，获得自我理解与安慰，并不断地更新和修正关于自我和他人的感受和认知。

四、小结

本节在对社交恐惧进行明确定义后，分析了四种社交恐惧及不良感受，它们分别是：害怕遭到拒绝及产生的羞耻感，害怕表现不完美及产生的焦虑感，害怕负面评价及产生的愤怒感，以及害怕被看到缺点而产生的贬低感。

在"无惧社交"的方法中，主要分享了去自我中心化、积极想象法，以及演练与倾诉三种方式，帮助大家分析自我受困于社交的真正原因，实现社交上的突破。

五、思考及作业

让我们为自己设计一个"无惧社交"的方案吧！

本节提到的三个方法，哪个最适合解决你的社交恐惧呢？你打算怎么做？想象做的过程中你可能遇到的困难，你打算如何去突破？

如果你没有社交恐惧的问题，分享一下你认为自己在社交上做得不错的地方、保持良好社交的一些方法以及社交带给你的一些益处和感受吧！

案例分享

怎么才能缓解班级聚会中的紧张感？

一、案例描述

文涵对于去参加班级聚会一直都特别抵触，每次班长号召大家一起团建或者聚餐，文涵都特别希望能找到一个没有任何漏洞的理由躲避过去。躲过一次两次还行，时间长了，她开始觉得自己这样不好，其他同学可能会觉得自己是一个孤僻、不合群的人。为了避免让同学们对自己形成不好的印象，虽然很不愿意去，但是文涵会告诉自己没有什么，不就是一起玩几个小时嘛，忍一忍就过去了。

文涵在聚会上显得特别紧张和局促，不知道自己应该说什么，感觉这几个小时比几天的时间都长。她总是担心自己不能接上其他同学的话，不知道怎么得体地回复别人对自己的提问。她特别希望自己可以像社交达人一样，希望自己在这种社交场合能表现得很完美，希望在人群中能热情、大方地和别人交谈，自己所有的言行举止都特别得体。

文涵有时候会在网上查找一些社交场合的交往礼仪或者和其他人聊天的方法，但是每次看完都感觉这些方法在自己身上并不适用。她总是担心自己是不是说了一些不该说的话，觉得自己一旦说了这样的话，就会被其他人嘲笑。

二、案例分析

（一）社交恐惧的表现

从这个故事中可以看到，文涵在人际交往场合会有明显的恐惧状态，也就是我们说到的"社交恐惧"。她很在意其他人对自己的看法和评价，总是要求自己是一个完美的人，希望自己可以对别人提出的问题对答如流，或者可以用一种最完美的状态去表现自己。所以文涵是"害怕表现不完美及产生的焦虑感"的社交恐惧状态。

（二）克服社交恐惧的方法

为了缓解文涵因过度追求完美而出现的社交恐惧，她可以有以下几个做法：

1. 去自我中心化

去自我中心化就是需要文涵认识到，外界与她的想法并非完全一致。

有的时候文涵会觉得，在社交场合自己的一举一动别人都能看到或者是注意到，所以会很担心自己表现得不好，甚至认为出现不好的表现等于别人对自己有不好的评价。其实，在社交场合中，很少有人会全程注意其他人的一举一动。文涵自己认为做得不好或者是表现不好的部分，其他人也并不一定会觉得她表现得不好。

2. 缓解恐惧的情绪

文涵可以尝试运用积极想象法：在聚会之前给自己一段时间，先运用深呼吸放松，让自己平静下来；接着再进行积极想象，想象一下自己去参加聚会，想象那些可能会让自己感觉到尴尬、紧张或者焦虑的场景，试着再次使用深呼吸的方法让自己放松下来；然后想象一下自己是否可以做一些事情去缓解这部分的尴尬，为了防止这样的尴尬出现，自己可以提前做点什么。在脑海中去经历一遍这些场景和感受，能让文涵逐渐消除对社交的恐惧。

> **名句赏析**　　尊重生命，尊重他人，也尊重自己的生命，是生命进程中的伴随物，也是心理健康的一个条件。
>
> ——弗洛姆

● 第五节

内向者，如何突破壁垒

一、我们定义的内向

瑞士心理学家卡尔·古斯塔夫·荣格根据倾向性将人格划分为外倾和内倾两种类型，也称外向型和内向型。外倾的人乐于向外探索，靠近客观世界，对周围的事物比较感兴趣，容易适应环境的变化；而内倾的人倾向于向内思索，重视主观世界，好沉思，善内省，常常沉浸在自己的想法和感觉之中。

按照荣格对人格的划分，内向者和外向者的本质区别在于关注的指向性不同，二者之间只有差别，没有优劣。不论哪种人格类型，只要能够把自己拥有的特质发挥在适合的领域，都是最佳的选择。一个内向者，如果他接纳自己的"内向"，热爱对内在进行自我探索，同时对融入和适应外在环境并不感到冲突和纠结，那这类"内向者"则不是我们要讨论的对象。

我们锁定的"内向者"有以下三个特征：第一，缺乏自信；第二，内心封闭，感觉孤独；第三，渴望融入环境和他人，但无法突破壁垒。我们可以这样描述"内向者"——是由于缺乏自信而形成的，既想融入环境又难以突破人际困惑的一类人。

二、内向者的表现

通过一个故事，或许能够帮助我们更好地贴近内向者的表现和内心感受。

【案例】

万盛读了四年高中才进入大学。第一次高考时，原本成绩非常优秀的他却考得很不理想，不甘心去二类本科，所以决定复读一年。第二次高考，他如愿考入了重点大学，从重庆来到北京，开始了令他向往的大学生活。

入学半年后，万盛仍然不太适应大学的生活。在重庆长大的他感受到了西南地区与北京在气候、饮食、语言、生活方式等方面的巨大差异；班里和同宿舍的同学，不仅大多来自北方，而且年龄大都比万盛小，年龄差距也给万盛带来了不小的心理压力；此外，万盛和同学也总是玩不到一起，他表示大家的日常无非就是打游戏、喝酒、聊聊女生，而他却对重金属摇滚、服装设计和物理学感兴趣，因此很难和同学们找到共同话题……种种的差异让万盛感觉大学的生活非常孤独苦闷，他常常羡慕地看着身边的同学有说有笑，却始终无法融入他们。

以上就是一个内向者在自己无法融入环境时对客观环境和主观感受的描述。在他的眼中，环境是差异和壁垒的集合，感受是孤独和迷茫的交错，而在行动上是无计可施的。尽管心中有千万个渴望和想法，但他始终无法解决当下的问题。

从万盛的经历来看，无法融入同学的根源在于缺乏自信。当他感觉自己不够好时，他会把比同学大一岁的事实解读为自己能力不够，别人一次就能通过的高考自己却考了两次；同样，他也会因为自己和同学的兴趣不一致而自卑，觉得别人会的我却不会，从来不以欣赏的角度来看自己。对于从重庆到北京求学，他不仅没有为人生中增加了一段在北方的生活经历而感到兴奋，反而因为无法适应外界而让自己无所适从。

总之，当一个人感觉自己不够好时，他会从自卑的角度对现实世界的现象进行组织和解读。即内在世界决定了外在现实，自卑者眼中看到的世界是充满了阻碍的灰色世界。

三、如何突破壁垒

（一）由内至外

由内至外，是通过修复内在感受，坚实内核，实现突破。归纳起来，内向者需要修复的感受有安全感、归属感和价值感。

1. 安全感

安全感是我们感受幸福、敢于做出改变的重要心理能量。只有认为环境是安全的，自己是安全的，迈出的一步是安全的，内向者才有勇气走出自己的安全区。由于自信是在安全感的基础上形成，因此，安全感是内向者首先需要修复的心理能量。

那如何做到呢？识别是什么让我们感到不安，找到帮助化解不安的点。对万盛来说，地域的变化、身份和学习方式的变化，都是导致他内心不安的因素。识别出这些不安的因素，才能找到解决的方法。比如，万盛在学校对面发现一家重庆小吃，他经常光顾，还在这家店认识了几个重庆老乡，这可以帮助他面对和化解南北环境差距引发的不适感。大学的学习和生活方式对学生的自律性要求较高，万盛一直对这点特别不适应，发现了这个不安因素后，他精心制定了每日学习计划，规划了自习时间和学习内容，并不断进行调整，在计划表的帮助下，万盛的内心会感到更加踏实和稳定。

2. 归属感

归属感是个体与所属群体间的一种内在联系，以及在群体中与其关系的认同和维系。归属能够强化安全的感受，避免产生脱离群体的恐惧和焦虑。缺乏归属，会让个体感觉孤独，增强与环境的隔阂感。

孤独的内向者如何修复归属感呢？一个建议是：此路不通，请及时调整方向。当万盛把关注点放在同寝室、同班级的同学身上时，他怎么也找不到志同道合的朋友。但是，如果万盛稍稍调转方向，把目光放到不同年级的同学、全校的同学、全市的同学、全国的同学，甚至更大的群体时，相信他一定能够找到适合自己的环境和团体，获得归属感。

当下关系的渴求会收缩内向者的注意范围。实际上，生活是 360° 的，当眼前的路行不通时，我们可以及时地提醒自己，换个方向，或许即便只是稍微调整下角度，一切便可豁然开朗。

3. 价值感

价值感是我们看重自己、觉得自己受到重视所产生的积极情感体验。由于缺乏自信，内向者常常觉得自己不值得受到别人关注，也没什么价值，这是一种消极的自我意象和感受。

找到自己的价值基点，了解自己本身所具备的价值，是内向者找到价值感的重要途径。认知的调整需要建立在一定的现实基础上，因此，价值感的修复就在于对现实自我的深入认知以及对自我意义的重新建构。比如，当我们让万盛写出"重金属摇滚、服装设计和物理学"这些兴趣和爱好给他带来了哪些好处时，令人惊讶的是，万盛居然足足写满了两页纸。不经过这样的思维过程，他自己都没有发现，原来他善于思辨、善于捕捉细微情绪，并且拥有独特的时尚视角，而这都来自于他与众不同的兴趣。

带着在不同领域积累的安全感、归属感和价值感，让自己的信心指数不断攀升。当我们认为自己有价值，孤独不是我们的生活底色时，我们便会敢于并乐于融入当下环境。当自我的认知和感受发生了变化，我们眼中的外在环境也开始变得多姿多彩，并期待着我们的加入。

（二）由外至内

由外至内，是通过外在行为一小步的变化最终实现突破的方法。具体步骤如下：

首先，给自己当下的状态打分。假设最满意的状态是 10 分，万盛给自己当下状态的打分是 3 分，也就是他不太满意自己目前的状态，而他期待自己能够做到 7 分或 8 分。

然后，找到例外。请万盛回想一下，是否有一些"例外"发生？比如在哪些情况下，他能够和同学们找到共同点，使他融入环境变得更容易。万盛想到，有几个同学常向他请教数学题，他觉得这就是"例外"的情况。当和同学们一起探讨题目时，万盛感觉自己不仅被同学喜欢和接受，还能为同学提供帮助，孤独感也就没那么强烈了。

最后，如何前进一小步。在前两个步骤的基础上，开始第三步。假设从现在的3分，达到3.5分或者4分，请万盛思考一下，如何能够做到？跟随在第二步中找到的"例外"，万盛觉得从数学突破似乎是一个不错的主意。自此之后，他把数学学得更加精通，同学们每当遇到数学难题，都会找万盛解决。由此，万盛不仅获得了人际交往方面的突破，还感受到了被团体和同学接纳的归属感和自我价值感。上述所有的因素，又加速了自信的累积，当足够多的优势感受和信心得以强化巩固，万盛从3分到8分的目标也就容易达成了。

四、小结

本节的核心是"内向者"。通过由内至外的安全感、归属感和自我价值感的修复，让积极感受为"内向者"提供勇气和内在能量，就如破茧而出般重生。

同时，外部行为的帮助，可以让自信的生长加速。通过给自己当下的状态打分，发现能够帮助我们突破的例外情况，把它们当作"前进一小步"的抓手。当一个问题被分解为无数的小计划时，这些计划便成为我们突破的途径和阶梯。

五、思考及作业

对于内向者来说，由内至外和由外至内的两种突破方式，你更倾向于哪一个呢？

你如何修复内在的感受呢？你可否为自己当下的状态打分，找到能够帮自己改变的例外情况，并制定一个"前进一小步"的计划呢？

如果你已经成功了，思考并记录一下你是如何做到的。如果你正打算尝试，也可以思考并记录该如何开始。

如果你不属于内向者，你可以试着写出内向者的优点以及你觉得可以帮助他们突破内向壁垒的其他方法。

在学校里建立良好的社交关系，其实并不难

一、案例描述

　　刘诗已经在某重点高校读研究生有三个多月的时间了，但依然还没和同学们熟悉起来。因为这个事，她每天都很不开心，但她却不知道自己应该怎么做才能改变这种情况。她原本以为等待自己的研究生生活将是美好的，但事实上，她从开学到现在一直没有交到好朋友，这完全在她的意料之外。

　　研究生的上课模式和本科的学习方式有很大的不同，在课堂上会有很多讨论和小组作业的环节，刘诗很希望通过课堂讨论和同学们打成一片，但后来她却发现，其他同学的思维都很活跃、想法丰富，而自己性格比较内向，一紧张就比别人慢半拍，所以在讨论活动中，她经常一言不发。刘诗觉得如果自己继续这样下去，将很难处理好和同学们的关系。刘诗平时在学校基本上都是一个人吃饭，如果有同学和自己一起吃饭，她会觉得很尴尬，不知道要和对方聊点什么。有时候为了打破这样的局面，刘诗会强迫自己主动去和同学谈话，但是这样让她感觉很累，也很担心自己被同学拒绝。

二、案例分析

（一）产生问题的原因

　　从案例中我们可以发现，刘诗想要融入班集体，但是一直都不知道要怎么做，因而产生了失落、痛苦的情绪，这样的情况与刘诗对自己的不信任有很大的关系。

例如刘诗认为肯定不会有人想和内向的自己交朋友，在学习上，自己的思维也不如人，这种不自信的心理造成了刘诗内心的封闭和痛苦，这种内心的封闭又导致她很难和其他同学建立关系，久而久之就形成了一个恶性循环，极大地影响了她的人际关系和心理健康。

（二）怎么改善目前的状况

为了改善目前这种情况，刘诗可以采取下面做法：

1. 给自己当下的状态打分

当遇到这种情况的时候，刘诗可以先评估一下自己目前的状态。如果最理想的状态是 10 分的话，那自己现在的表现能得到多少分呢？自己想要达到一个什么样的分数呢？假设刘诗认为自己现在的状态是 2 分，想要达到 7 分的状态，那可以定义一下这两个分数的状态：在现在的学校里一个好朋友都没有，每次都是一个人吃饭；而想要达到 7 分的状态，那就得交到两个好朋友，可以一起去吃饭，并且可以在休息的时间聊天。

2. 找到例外情况

刘诗认为，所有人都不喜欢自己，但是这个想法经不起推敲，因为她肯定能找到一些喜欢自己的人，例如刘诗的学习成绩很好，文学素养很强，对人很和善；在谈到古典文学的时候，刘诗可以说出自己很多的想法和见解。但刘诗在之前并没有注意到这些例外情况，所以她才会不自信。如果她开始注意这些例外的状况，就可以较快地恢复对自己的信心。

3. 前进一小步

如果刘诗现在是 2 分的状态，要从 2 分直接提高到 7 分是不容易实现的，但是如果从 2 分提升到 3 分却不是那么难的事情。刘诗可以想想自己是否可以通过一些方法从 2 分提升到 3 分。首先由她定义 3 分的状态，例如可以在小组讨论中发表自己对于文学的看法。其次，找到一些从 2 分到 3 分的方法，例如刘诗可以在课前预习老师本节课要讲授的内容，针对一些问题进行思考，并且在小组讨论的时候发表自己的看法和建议，这样就会很容易到达 3 分的状态了。最后，当到达 3 分的时候，可以再定义 4 分的状态。通过一步一步提升，刘诗会离自己 7 分的目标越来越近。

名句
赏析

　　孤独和独处是不好的，但有些时候孤独却能给人带来很大的慰藉。

——约翰·巴里摩尔

● 本章知识拓展

心理学家——阿德勒

阿尔弗雷德·阿德勒（Alfred Adler，1870—1937），个体心理学的创始人，奥地利精神病学家。

图4　阿尔弗雷德·阿德勒

一、阿德勒与"自卑"

1870年2月，阿德勒生于维也纳郊区的一个中产阶级犹太商人之家。

阿德勒从小体弱多病，幼年身患软骨病。他4岁才学会走路，后又患其他疾病，无法进行体育活动。阿德勒的早年记忆都围绕着疾病和医疗干预。"我所能回忆起来的最早往事是，由于我罹患佝偻病，我被绷带绑着坐在椅子上，健康的哥哥坐我对面。他上蹿下跳，来去自如，然而我每动一下都会极度紧张，非常费力。每个人都尽力帮我，父母更是呕心沥血。"

在5岁那年，他又得了一场十分严重的肺炎，医生当时判断治疗无望，他险些夭折。

上小学后，他成绩不好，受老师的忽视。

儿时的创伤经历和对死亡的恐惧使他极度自卑，即使疾病一天天远离了他，但他和哥哥之间的竞争却持续了一生。身材矮小、自觉长相丑陋的阿德勒总觉得受制于身材魁梧、相貌英俊的哥哥，于是他通过获得在学业等其他方面的成功来补偿自己的身体缺陷。

因此，阿德勒的理论始终围绕着克服自卑。他于1911年创立了"个体心理学"；1932年，出版《自卑与超越》（又译《生活对你应有的意义》）一书。

二、思想

在阿德勒看来，人格是在战胜自卑和追求优越过程中形成发展的，自卑是人格发展的最终动力，因为人在某方面存在自卑，为了应对自卑就会要求在另一些方面进行补偿，进而追求优越。个体就在追求优越的过程中形成独特的生活风格与创造性自我。后期，他强调社会兴趣的作用，认为只有将个人兴趣与社会利益统一起来才是对自卑的真正补偿。

1.自卑。每个人都有不同程度的自卑感。自卑感并非异常。它是人类处境得以改善的动力之源。正是自卑促使了人们去努力克服自卑，追求成功，成为人格发展的动力；但是，若被自卑所压倒，则会产生自卑情绪，导致神经症人格．抑郁、悲观、消沉。

2.追求优越。人类都有对优越感的追求，这是所有人的通性，而优越感即是自卑感的补偿。追求优越也是具有双重性的，适度追求，促进个人发展，对社会有益；过分追求，走极端，则会产生优越情绪，自我中心、自负、忽视别人和社会习俗、缺乏社会兴趣。

3.生活风格。个体如何追求优越，取决于自己独特的环境以及不同的生活方式。由此会发展出不同的行为特征和习惯，即所谓的生活风格。

生活风格的发展和自卑感有密切关系。如果一个人有某种生理缺陷或主观上的自卑感，那他的生活风格将倾向于补偿或过度补偿那种缺陷或自卑感。例如，身体瘦弱的儿童可能会有强烈的愿望去增强体质，因而锻炼身体、跑步、举重，这些愿望和行为便成为他生活风格的一部分。生活风格决定了我们对生活的态度，形成了我们的行为模式。

4. 创造性自我。自我可以按照自己独特的生活风格决定自己的行为方式。

5. 社会兴趣。个体认同社会的目标，把自己的追求与社会发展方向统一起来，是对个体自然缺陷的真正补偿。

三、评价

阿德勒的理论积极乐观，充满正能量，论调人性化，有亲和力，相信每个人都有改变自己的机会，有人本主义倾向。

但将自卑与补偿作为人格发展的动力，存在过度简化的问题；并且理论缺乏系统、深入的论证，过多依赖个别历史人物，缺乏严格的统计论证，显得较为肤浅。

第五章

抗挫力——从逆境中崛起

【摘要】

挫折，是指人们在有目的的活动中，遇到阻碍人们达成目的的障碍。挫折不可避免，但不同的人面对挫折有不同的应对方式。抗挫力低的人更容易感受到阻碍，产生消极感受，不仅影响正常的生活，而且还会影响身心健康。

本章将科学解读挫折，介绍产生挫折感的原因以及提高抗挫力的方法。

【学习目标】

1. 正确认识挫折，更客观地看待挫折。
2. 学会面对挫折的处理方式，更从容地面对挫折。
3. 提高心理抗挫力。

○ 第一节
跌倒的地方是起点不是终点

一、挫折是什么

（一）挫折的定义

什么是挫折？如果带着这个问题去问一个高中生，他可能会说，挫折是准备了很久的考试，却没有取得好成绩的落差感；如果问一个求职者，他可能会说，挫折是一次又一次面试的失败；如果问一个宝妈，她可能会说，挫折是用了很多方法，可孩子依然不吃饭的无奈。问不同的人，他们对挫折有不同的定义和理解，那么到底什么是挫折呢？这里引入一个关于挫折通用的定义：挫折就是个体的意志行为受到了难以解决的阻碍。挫折的出现会带给人挫折感，挫折感多是消极的主观体验。那么这种消极的体验具体都有哪些呢？

（二）挫折带来的消极感受

通过一个案例来了解挫折带给我们的消极感受。

【案例】

一年一度的校园招聘开始了，大四的小张和同学一起参加了本次招聘会。小张为了这次招聘会准备了很久，他不仅精心打扮了一番，还准备了一份完美的简历，并且早早就练习好了自我介绍以及可能会遇到的问题的回答。一天下来小张面试了几家公司，但是没有一家公司愿意录用他。有的公司说他与岗位需求不符，有的公司认为他提出的薪酬与公司能提供的不匹配。相反，不如他准备充分的同学却拿到了好几家公司的录用书，这让小张非常受挫。

这种受挫的状态会让小张产生了很多消极感受：

1. 愤怒

自己准备了这么久却不如其他没有充分准备的同学，这会让小张产生愤怒的情绪，甚至抱怨面试的公司，心里感觉不公平。

2. 焦虑

他因为面试失败而感到压力，也因为没有找到工作而感到压力，甚至因为面试没有想象中那么简单而备感压力。这些压力让小张感觉到非常焦虑。

3. 沮丧

小张很沮丧，感觉自己的努力没有任何作用，甚至可能会失去继续寻求新公司和面试的斗志。

4. 失去自信

小张因为失败而失去自信，感觉面试没过是因为自己能力不够，对参加下一次面试失去信心，害怕自己再次被拒绝。

小张的这些消极感受，不仅不能让他身心愉悦，而且还会影响到他正常的学习和生活。负面的情绪越多，就越容易产生低自尊的状态。低自尊水平的人非常敏感，会更容易体验到消极情绪，更容易放弃。当一个人体验到很多次因为失败带来的挫折感时，他就会陷入"挫折体验—低自尊—挫折体验"的恶性循环之中，产生更多对挫折的恐惧感。

二、我们为什么会害怕挫折

挫折会带给我们很多的消极感受，这些消极的感受会让我们对挫折有一种恐惧感。但是仔细想想，到底是什么导致我们对挫折有消极感受，从而导致我们害怕挫折呢？

　　每一个挫折情境都需要通过我们对挫折的认知之后才会产生各种各样的感受。对于同一个挫折情境，有的人觉得是平淡无奇，可以克服，但有的人容易感受到压力并产生焦虑，感觉很痛苦。其实，害怕挫折有时候不是因为挫折本身，而是因为我们总是看到挫折的消极面。

（一）挫折对人百害而无一益

　　在很多人的认知里，挫折对人百害而无一益，因此他们在面对挫折的时候会产生各种各样的消极感受。他们认为挫折就像绊脚石，会阻碍自己的前进和发展。他们不仅持挫折有害论，还会因为挫折来否定自我和自己的能力，一件小事就能引发出自己能力不足、自己不够好的感受。比如，很多人在上学的时候，经常会因为一次考试失败上升到自己学习能力有问题、自己不适合学习等错误的认知；还有的人会因为表白被拒绝之后，就将拒绝的原因上升到自己长得不好看、魅力不够的层面，然后自信心降低，消极地看待自己，然而，其实很可能被拒绝的原因仅仅是对方感觉彼此性格不合适。

（二）挫折对人是"致命"的影响

　　对挫折错误的认知还包括夸大挫折带来的后果，认为挫折给我们带来的影响是非常严重的。有这种观点的人，当他们遇到挫折之后，会把后果从消极层面无限放大，然后会因害怕这种结果而产生压力、焦虑等消极的情绪体验。比如上面我们提到的求职失败的小张，他可能会夸大这个结果，感觉自己找不到工作是因为自己的能力不行，以后没办法在社会上生存了，没有前途，人生也没有什么价值了。这样夸大消极结果，自己吓唬自己，让自己的压力越来越大，情绪也就越来越差。

三、正确地看待挫折

　　因为我们总是看到挫折的消极面，所以会让自己产生消极的感受，从而害怕挫折，感觉挫折的产生就是事情的终点。那么，我们该如何消除这种消极感受，不再害怕挫折呢？最重要的就是尝试改变对挫折的看法，正确地看待挫折，不只是看到挫折的消极面，也要看到挫折的积极意义。

（一）挫折有激励作用

挫折在一定程度上会起到积极作用。当我们面对失败或阻碍的时候，它们也会激发我们战胜困难、跨越阻碍的斗志。比如说现在关于职场沟通方面的课程有很多，也非常火爆，课程火爆多半是因为很多人在工作中和同事沟通不畅，这让他们产生很大的挫折感，所以激发了他们想要改变这种挫折感的斗志，战胜挫折。这一因沟通出现问题而引发的购课行为，其实就是挫折对人的激励作用，激励人们去主动解决问题，战胜挫折。

（二）挫折可以提高解决问题的能力

生活中适当的挫折体验会让我们学会总结失败的经验，当我们再次面对类似问题和难题的时候，就可以从经验出发，更好地应对问题。比如，在参加驾照考试的时候，有些人感觉科目二特别难，考了几次都没通过，但是其中有人在体验到挫败感后会总结这次没考过的原因，如是不是因为没看准位置或是因为离合踩得太快了等。在进行总结的时候，他其实就是在为下一次考试积累经验，进而提高自己解决问题的能力。如果案例中的小张能够正确地认识挫折，那么他可能就不会再一蹶不振和自我怀疑，而是去总结自己在这次面试中出现的问题，然后为下一次的面试做准备。

（三）挫折可以提高耐受力

如果我们总是生活在安逸的环境之中，就会丧失斗志，丧失面对变化的适应能力以及耐受力；而后当我们面对突然的挫折时，我们会感到措手不及，不知道怎么解决。经历的挫折越多，我们对问题和失败的承受能力就会增强，让自己逐渐从遇到问题就焦虑的人成长为遇到问题可以冷静分析的人。挫折的体验可以让我们的内心更坚强，适应生活中的变化，以不变应万变。

当我们能够更加正确、全面地看待挫折，并看到挫折也有积极意义的时候，我们就能逐渐减少对挫折的恐惧，从而更坦然地面对挫折。

四、小结

本节主要包括以下内容：

挫折的定义：挫折就是个体的意志行为受到了难以解决的阻碍。

挫折会带给我们一些消极的感受：愤怒、焦虑、沮丧、失去自信等。

害怕挫折是因为我们总是看到挫折的消极面，认为"挫折百害而无一益""挫折对人是'致命'的影响"。

我们应该正确、全面地看待挫折，看到挫折也有积极意义：挫折有激励作用；挫折可以提高解决问题的能力；挫折可以提高耐受力。

当我们看到挫折的积极面，明白跌倒的地方是起点不是终点，便能逐渐减少对挫折的恐惧，更加坦然地面对挫折。

五、思考及作业

分享一个你曾经遇到过的让你印象最深的挫折事件。在遇到这个挫折时，你的感受是什么？用本节学习的内容在认知层面上做简单的分析。

1. 挫折事件

_____

2. 产生的感受

_____

3. 分析你在整个过程中所看到的挫折的消极作用

_____

4. 分析挫折事件对你产生的积极作用

_____

宣讲失误不代表人生失误

一、案例描述

在某家公司担任总经理助理的小玉，工作以来一直都认真负责，多次受到领导的夸奖。有一天，小玉接到领导通知，过几天公司的大股东要来公司进行阶段性的考察，由她做好接待工作，并准备好带有公司简介及公司成果的PPT，用于会上宣讲。小玉连续几天都在努力做准备工作，结果到股东考察的那天，由于面对股东的时候感觉很紧张，小玉漏讲了PPT上的一些重要内容，大股东对本次的公司成果讲解不是很满意。因为这件事，小玉感到了前所未有的挫败感。她觉得这一次的失败辜负了领导的信任，自己很难再让领导器重了。同时，同事也开始对小玉指手画脚，这让小玉产生了愤怒、自责等情绪感受，而且觉得自己一无是处，没法在公司待下去了。

二、案例分析

（一）分析小玉存在的认知误区

从案例中可以看出，这一次失败带给了小玉前所未有的挫折感，让她产生了很多消极情绪，比如沮丧、愤怒、自责等。她的这些消极感受很大一部分来自于她只看到了挫折的消极方面，并对挫折存在一些认知误区。

1. 挫折对人百害而无一益

小玉所想到的，完全是挫折带给她的消极感受以及消极的结果，以至于将自己看作是一个无能的人，忘记了自己曾经也是一个优秀的人。

2.挫折对人是"致命"的影响

小玉夸大挫折，认为挫折带来的影响都是非常严重的。她认为这一次挫折之后老板将不再信任自己，同事也对自己指手画脚，她根本都没法在这个公司待下去了。

（二）给出方法

其实小玉应该认识到，挫折也有积极的意义：

1.挫折有激励作用

这一次的失败，其实可以激励小玉在下次遇到这种情况的时候更加积极和努力，以及在工作中准备得更加充分。

2.挫折可以提高解决问题的能力

小玉可以总结这一次失败的经验，是因为自己心态过于紧张，还是因为没有提前准备好演讲的 PPT 内容。只要做好总结，当再次面对问题和难题的时候，她就可以尝试从经验出发，更好地去应对问题。

3.挫折可以提高耐受力

小玉应该意识到，多经历失败和挫折并不是坏事，失败乃成功之母，当经历的挫折越多，自己对问题和失败的承受能力就会增强，自己也会成长，遇到问题不再焦虑而是冷静分析。挫折的体验可以让经历者的内心更坚强，更能够适应生活中的变化，以不变应万变。

当小玉能放开思路，多想想挫折的积极意义，她就能更辩证、更全面地看待挫折，会感受到一股积极的力量，减少面对挫折的消极感受，让自己更加坦然。

名句赏析　　毋庸置疑，好的事情总会来到。而当它来晚时，也不失为一种惊喜。

——《托斯卡纳艳阳下》

扫描领取 配套课程

● 第二节

丰满羽翼，逆风飞翔——提高抗挫力

本节内容主要围绕提高抗挫力进行讲解，包括抗挫力的含义、抗挫力差的表现，以及提高抗挫力的方法。

现在很多年轻人经常是一气之下"裸辞"，离职的原因可能仅仅是老板因为工作问题批评了他，他觉得自己受了天大的委屈，以至于很多人给现在的年轻人贴了一个标签：抗挫力太差。

那什么是抗挫力？

一、什么是抗挫力

抗挫力，是使我们免受困难与挫折的侵蚀，面对挫折、战胜挫折、超越挫折的能力。抗挫力主要体现在对逆境的适应力、容忍力、耐力、战胜力、复原力几大方面。

给年轻人贴上"抗挫力差"的标签的原因又是什么呢？根据抗挫力的概念，我们来看看抗挫力差主要有哪些表现。

（一）适应力差

有的人在生活上能接受挫折，但是不能接受人际关系上的挫折。比如自己可以反复修改做错的题，却不能容忍自己在出错时被别人指指点点。

（二）容忍力差

有的人受不了犯错，有的人受不了被拒绝，有的人受不了被误解，有的人受不了被指责，而有的人甚至受不了拿到的饼干缺了一个角。

（三）耐力差

能容忍，但是坚持不了太久。比如，当有的人在做某道难题时，刚开始能坚持找方法，反复修改，但是几次以后就放弃了，没有耐心继续去解决。

（四）战胜力差

一直在忍受，心里不舒服，但是没有办法克服和战胜困难。比如有的人做错题的时候，反复修改，心里很毛躁难受，始终无法静下心来找到方法去战胜困难。

（五）复原力差

受挫后往往悲观抑郁，甚至丧失了生活的勇气，一蹶不振。比如有的人做错题以后，瞬间觉得自己太笨了，以后再也不想接触这样的题目。

如果一个人抗挫能力差，那挫折对他来说就是致命的打击。如果长期无法摆脱负面情绪，他可能从此意志消沉，颓废沮丧，一蹶不振。

而一个抗挫力强的人，就像森林中的那棵最坚韧的树，无论风吹雨打都能够茁壮成长。挫折对他来讲，可能只是一次小小的考验，他会继续百折不挠地前进。因此，抗挫力强的人更容易成功。另外，抗挫能力强的人更能适应不断发展和变化的社会。最重要的是，抗挫能力强的人有一颗强大的内心，可以让他不易受到心理上的打击和伤害，有助于保持心理健康。

既然这样，有哪些方法可以丰满我们的羽翼，提高抗挫力，从而在逆境中展翅翱翔呢？

二、提高抗挫力的方法

【案例】

在一次英语期末考试中，小白因为机读卡没涂好导致英语成绩不及格。小白因此大受打击，持续好几天情绪低落，吃不下饭。她觉得自己不应该犯这么低级的错误，自己就是一个失败者。她甚至还认为犯了一次这样的错误，以后肯定会犯更多次类似的错误，老师再也不会喜欢自己了。

从这个案例中我们可以看出，小白因为自己的一次低级错误感受到了前所未有的挫折，而且由于抗挫力较差，出现了长时间的心情低落、吃不下饭等问题。

（一）正确认识挫折

上一节我们已经学习了正确认识挫折：挫折是不可避免的；挫折有激励作用；挫折可以提高我们解决问题的能力；挫折可以提高我们的耐受力。

正确认识挫折是提高抗挫力的前提条件。在正确认识了挫折之后，我们能够坦然地面对挫折，这也就为提高我们的抗挫力奠定了基础。接下来介绍几个提高抗挫力的方法，帮助我们提高对挫折的适应力、容忍力、耐力、战胜力以及复原力。

（二）提高抗挫力的有效方法

1. 改变不合理信念

如果一个人能够认识到自己的信念是不合理的，主动调整自己的看法和态度，与不合理信念辩驳，并建立合理信念，不仅能降低内心的挫折感，调整好情绪，同时也能锻炼自己对挫折的适应力、容忍力、复原力等能力，从而提高抗挫力。

在这里介绍一下不合理信念的三个特点：

（1）绝对化要求

它常与"必须""应该"这样的词一起出现。就像案例中的小白，她认为自己"不应该"犯这样的错误，英语机读卡"必须"不能出现失误。

（2）以偏概全

以片面的思维方式看待事物，以个别事件来断言整体，一叶障目。案例中，小白因为一次考试失误就觉得自己是失败者，也因为一次失败否定自己的全部，这就是以偏概全的看法。

（3）糟糕至极

有些人遇到一些小挫折，就把后果想象得过分糟糕和可怕。案例中，小白因为一次考试失误就觉得以后肯定会犯更多次同样的错误，老师再也不会喜欢自己了。

改变不合理信念的方法我们在之前有过介绍，大家可以去复习一下，根据情绪ABC理论，列出A、B、C，找出不合理信念，与不合理信念辩论，然后建立合理信念，按照这样的步骤去进行操作。

2. 沉着冷静，理智应对，理清思路，提高解决问题的能力

当一个人能够冷静地提出问题，并寻求解决问题的方法时，他就能提高应对挫折的战胜力，从而提高抗挫力。面对挫折，在冷静下来后，你可以给自己提出以下五个问题去理清思路：

（1）我现在是什么感觉？

（2）发生了什么事情导致我有这些感觉？

（3）这个问题的起因是什么？

（4）有哪些解决问题的办法？

（5）我应该做什么？

案例中的小白，当遇到这个挫折事件之后，她可以问自己：

现在是什么感觉？——充满了挫折感。

是因为什么事情感到挫折？——是因为英语考试失误。

造成英语考试失误的原因是什么？——机读卡填写失误。

有哪些解决问题的办法？——以后多小心，认真涂写并检查机读卡。

我应该做什么？——我应该多多练习涂机读卡，多练习就能避免下次再犯类似的错误。

3. 提高自我效能感

心理学家班杜拉认为，自我效能感是指人们对自身能否利用所拥有的技能去完成某项工作行为的自信程度。研究表明，自我效能感高的人，自信心强，这有助于激发他挑战困难的动力、勇于追求成就的动机和维持实现目标的耐力。因此可以认为，提高自我效能感能提高对挫折的适应力、战胜力、复原力。

那我们怎么提高自我效能感呢？

（1）增加成功的体验

增加成功的体验是获得自我效能感最重要的途径，多次成功的体验会提高个体的自我效能感。如要想体验到更多的成功，就要合理设置目标，要选择符合自己能力水平又富有挑战性的目标。目标定得过高，经过艰苦的努力仍然达不到，不仅不会有成功的体验，反而会降低自我效能感。尝试每天或每周给自己设定一个小的、可实现的目标，当目标实现后给自己一个奖励。这种自己逐渐进步和成功的过程，会不断强化自我效能感。

（2）归因方式

在很大程度上，自我效能感还受到人们对之前活动结果的归因方式的影响。要提高自我效能感，可以遵循的归因方式是对成功进行内归因。

当面对成功时，比如考试得了第一名，如果把成功归因于运气、机遇等外部原因，个体可能会认为考第一是因为题目简单，和自己能力没什么太大的关系，这样归因多半是不会提高自我效能感的；但如果把成功归因于自己的能力、潜力这种内部的、稳定的因素，个体就会产生较高的自我效能感。

4. 增强意志力

意志薄弱的人做事缺乏耐力，患得患失，害怕困难，只看眼前利益，经不起打击和挫折。意志力强的人认准一个目标就会选择长期坚持并向这个目标努力，做事不会半途而废，有一种不达目的决不罢休的精神。像张海迪、桑兰这些身残志坚的人，她们无一不是具有超于常人的毅力和坚韧不拔的意志力。因此，增强意志力可以提高我们对于挫折的耐力。

增强意志力包含以下几个步骤（以减肥为例）：

第一步：决定去达到某个目标。比如，我一定要一个月减肥 10 斤。

第二步：下决心将决定付诸实践。对自己说，我一定要坚持执行我的减肥计划。

第三步：获取如何能够执行决定的知识。如我要减肥，需要通过运动和控制饮食来达到，便去查找合理运动和合理控制饮食的方法。

第四步：按照决定和计划持续不断地努力，将知识付诸现实，在生活中坚持不懈地执行所查询到的减肥方法。

第五步：当你走回头路或者回到过去那种什么也不做的状态时，你需要再一次重新下决心强迫自己继续执行自己的决定，不管整个过程有多么艰难。

第六步：如果再次走回头路的时候，要毫无保留地接纳自己这种无能为力的状态，不要因此就定下"我又这样了！重新下决心有什么用"的结论，此时你需要做的只是再一次赋予自己力量，这样你走回头路的次数会越来越少，恢复得也更快一点。

以上，我们分别介绍了改变不合理信念，沉着冷静、提高解决问题的能力，提高自我效能感和增强意志力这四个方法，希望能帮助你全面提升对挫折的适应力、容忍力、耐力、战胜力和复原力，从而修炼出高抗挫力。

三、小结

抗挫力的含义：使我们免受困难与挫折的侵蚀，面对挫折、战胜挫折、超越挫折的能力。

抗挫力差体现在：适应力差、容忍力差、耐力差、战胜力差以及复原力差。

提高抗挫力的四个方法：改变不合理信念，沉着冷静、提高解决问题的能力，提高自我效能感和增强意志力。

四、思考及作业

列举一个你在生活中遇到的挫折事件，然后运用本节所学到的方法去提高自己的抗挫力。

1. 记录挫折的事件。
2. 正确认识挫折。
3. 改变不合理信念。

4. 沉着冷静，理清思路，解决问题。

5. 提高自我效能感。

6. 增强意志力。

案例分享

项目申请书的失败并不代表人生的失败

一、案例描述

小雪的领导最近准备开发一个新项目，他分配给小雪一个写项目申请书的任务。这是小雪第一次写项目申请书，刚开始的时候她充满好奇心和热情，认真准备了很久。对于第一次写项目申请书的小雪来说，这次项目申请书的完成质量已经很不错了。但是竞争对手们的经验更丰富，他们写出的项目申请书的质量更加上乘，因此最终小雪的项目申请书没有被选中。这个项目对领导来说很重要，虽然他说了小雪几句，挑了点毛病，但同时也认可了小雪这些天付出的努力。小雪却连续很多天都心情低落。

后来没过多久，领导想推进其他的项目，于是又把写项目申请书的工作安排给小雪。但是小雪一想到上次的失败就害怕，想要逃避这个任务，觉得自己肯定无法胜任，不想面对。有时候就算她鼓起勇气去准备需要的材料，但是心情依然很焦虑，一直写不出来好的内容，内心无数次想放弃，到最后，她还是跟领导说要放弃写申请书这个工作。事后，小雪很自责：为什么别人都能做好的事情，我却做不好？我真是太笨了，什么都做不好，下次再做不好项目，领导很可能就会辞退我，从此我在这个行业也混不下去了。

二、案例分析

（一）小雪的抗挫力

从案例中可以看出，小雪遭遇了一些挫折，就是写出的项目申请书没被选中，而这个失败似乎成了小雪跨越不了的障碍。主要表现在：

1. 容忍力差

虽然领导指责了她几句，但其实领导也认可了她在这项工作中做得好的地方，但小雪却因此连续情绪低落好多天；而且再遇到类似任务的时候，小雪就想逃避，觉得自己不能忍受，不想面对。

2. 耐力差

小雪鼓起勇气面对，却一直处于焦虑的状态中，出现了无数次想放弃的想法，没法继续坚持。

3. 战胜力差

再遇到写项目申请书的任务时，小雪试着努力面对，但最后还是选择放弃。

4. 复原力差

小雪在写项目申请书的工作失败之后，连续好几天情绪都很低落，当再遇到类似项目的时候，一直不敢面对，害怕再次遭遇挫折。

（二）小雪提高抗挫力的方法

1. 正确认识挫折是提高抗挫力的前提

从案例中可以看出，小雪认为挫折带给她的都是不好的一面，因此她可以尝试去了解挫折的积极作用，正确地认识挫折可以让她更坦然地面对挫折。

（1）挫折是不可避免的。没有人不会失败，人生总会遇到各种各样的失败。

（2）挫折具有激励作用。小雪也可以换个角度想一下，这一次失败可以激励她更加努力，失败是成功之母。

（3）挫折可以提高解决问题的能力。虽然项目申请失败，但是失败可以积累经验。小雪经历了这件事情之后，可以积累教训，帮助她在以后写项目申请书时更加成熟。

（4）挫折可以提高耐受力。小雪应意识到，这一次挫折可以锻炼她的意志力，练就强大的心理，以后就会更加勇敢地去面对问题和挫折。

2. 提高抗挫力的方法

（1）改变不合理信念

①绝对化要求。小雪觉得她"不应该"在这样的事情上犯错，这是"绝对化要求"的不合理信念。她应该意识到自己是第一次做这样的事情，出现失误是很正常的，金无足赤，人无完人，没有人是一辈子都不犯错的。

②以偏概全。小雪因为一次失败就认定自己是一个无能的人，这是以偏概全的表现。没有人是完美的，不要因为一次具体事件的失败就全盘否定自己，需要具体问题具体分析。

③糟糕至极。小雪觉得老板可能会辞退她，以后她就没法在这个行业待下去了。这是糟糕至极的想法，其实事情并没有她想象的那么严重。

小雪只要尝试去找出自己的不合理信念，并进行辩证和思考，建立起合理的信念，便能逐渐提高抗挫力。

（2）沉着冷静，理智应对，厘清思路，提高解决问题的能力

当小雪再一次遇到写项目申请书任务的时候，可以就这个事情本身进行思考，让自己冷静下来，问自己以下几个问题：我现在是什么感觉？发生了什么事情导致我有这些感觉？这个问题的起因是什么？有哪些解决问题的办法？我应该做些什么？

这样的问句可以让小雪将注意力放在事情本身，而不是沉浸于过去失败的感受中。其实挫折感都是因为困难带来的，一旦小雪找到解决问题的思路和方法之后，小雪自然能感觉到挫折也没有那么可怕。

除此之外，小雪在平时还可以提高自我效能感以及增强意志力。

（3）提高自我效能感

①增加对成功的体验。尝试每天或每周给自己设定小的、可实现的目标，在实现后，给自己一个奖励。逐步看到自己进步的过程，会不断地强化一个人的自我效

能感。

②归因方式。对成功进行内归因。当面对成功的时候，把成功归因于自己的能力出众这种内部的、稳定的因素时，个体就会产生较高的自我效能感。

③增强意志力。平时也可以给自己设定一些目标，并坚持下去，锻炼自己的意志力。

以上就是一些可以帮助小雪提高抗挫力的方法。

名句
赏析

　　这世界除了心理上的失败，实际上并不存在什么失败，只要不是一败涂地，你一定会取得胜利的。

——亨·奥斯汀

● 本章知识拓展

心理讲堂——影响自我效能感的因素

班杜拉等人的研究指出，影响自我效能感形成的因素主要有：

1. 直接经验（direct experiences）。这个效能信息源对自我效能感的影响最大。一般来说，成功经验会提高自我效能感，反复的失败会降低自我效能感。

2. 替代经验（vicarious experiences）。替代经验（观察学习、示范、模仿）影响自我效能感。当观察到那些与自己能力相似的人的成功操作后，能够提高观察者的自我效能感；而看到与自己能力相似的人失败则会降低观察者的自我效能感。替代经验的影响取决于这样的一些因素：观察者对自己和榜样之间类似性的知觉、榜样的数量和种类、榜样的力量、观察者和榜样面对问题的类似性。

3. 言语劝说（verbal persuasion）。言语劝说就是试图凭借说服性的建议、劝告、解释和自我引导来改变人们自我效能感的一种方法。言语劝说是比成败和替代经验的强度要弱一些的自我效能感信息来源。言语劝说的价值取决于它是否切合实际，缺乏事实基础的言语劝说对自我效能感的影响不大。

4. 情绪唤醒（emotion arise）。当人们不为厌恶刺激所困扰时更能期望成功，但个体在面临某项任务时的身心反应、强烈的激动情绪通常会妨碍行为的表现而降低自我效能感。班杜拉认为，在一般情况下，人越焦虑，对成功的信心就会越低。

冥想——为个人成长赋能

前面的章节为大家介绍了个人成长中可能会面临的问题，也在各自的部分介绍了相应的解决方法。在此基础上，我们在本书增加附录部分，为大家介绍一种方便易操作的赋能方法——冥想，希望能更好地帮助每一个在成长路上遇到困惑的人，让大家能够更加乐观从容地面对"问题"，为个人成长注入所需的能量。

那么，什么是冥想呢？冥想就是将自己的想法停留在一个点上，并在这个点上持续不断地集中。它操作简单，无须借助复杂的工具，所以在生活中非常实用。

为让大家更深入地了解冥想这种方法，本部分首先针对冥想的概念、作用等入门内容进行讲解。其次简单地介绍了冥想类型、呼吸冥想和身体扫描的操作方法，以及大家在冥想认识和操作上的误区，带领大家一步一步走进冥想的世界。最后，介绍了日常生活中可操作的冥想类型及实施方法，将冥想逐步地引入个人成长的世界中。接下来，让我们一起来探索吧！

【学习导览】

1.带领大家学习冥想的基础入门知识，了解冥想的类型。

2.介绍冥想对我们身体状况、大脑、情绪、专注力等产生的积极影响。

3.介绍两种常见的冥想——呼吸冥想和身体扫描，针对它们的操作方法进行讲解，并介绍我们在冥想中容易在认识和操作上产生的误区。

4.介绍日常生活冥想的操作方法，将冥想引入个人成长的世界。

● 第一节

冥想的力量

本节将介绍冥想的概念及其原理，带领大家踏入冥想的大门，并从冥想对身体和心理的作用层面，进一步了解冥想练习将会给我们的生命带来哪些神奇的改变，体验冥想所带来的魅力。

一、冥想入门

现代社会对绝大多数人来说，是一个压力重重的社会。工作的挑战、家庭的压力、人际交往的烦恼以及堆积如山的杂事，让疲惫的人们无路可逃。现在的你，是不是经常感觉非常烦躁，静不下心？是不是遇到糟心事就感觉自己要爆炸，非常情绪化？是不是感觉自己总是快乐不起来，对很多事情都丧失兴趣？

在过去的几十年中，不管是基于精神追求还是宗教兴趣，大众逐渐意识到冥想练习的珍贵。例如在美国，冥想正在逐步走进每一个家庭。每天下班回家冥想半小时，周末去冥想馆享受一下午的宁静时光，日益成为更多人放松减压的新选择。

我们所熟知的乔布斯，这位一手创办苹果公司的商业精英，就是一位"冥想达人"。1974年，他辞去雅达利（Atari）公司的工作，特地去印度旅行七个月，并且在旅行过程中学习冥想。回到美国硅谷之后，他坚持每天早晚练习冥想。在《乔布斯传》中，专门有这么一段对乔布斯冥想的描述："在印度的村庄待了七个月后再回到美国，我看到了西方世界的疯狂以及理性思维的局限。如果你坐下来静静观察，你会发现自己的心灵有多焦躁。如果你想平静下来，那情况只会更糟，但是时间久了之后总会平静下来。心里就会有空间让你聆听更加微妙的东西——这时候你的直觉就开始发展，你看事情会更加透彻，也更能感受现实的环境。你的心灵逐渐平静下来。你的视界会极大地延伸。你能看到之前看不到的东西。这是一种修行，你必须不断练习。"乔布斯所说的这种神秘的、充满磁性的力量，就是把自己与内心某个神秘的地方相连接，并告诉我们：生活远远不止我们目前所看、所听、所触到的内容，而是通过这些内容，将自己的经历和内心广阔的空间紧密相连。

除了上文提到的乔布斯之外，还有很多的例子——桥水基金的创始人瑞·达利欧、好莱坞导演大卫·林奇、《奥普拉脱口秀》的主持人奥普拉等，都是"冥想界"著名的"打卡达人"。

如果你想要找到一种方法能让自己从纷乱的人生中解脱出来，那就从冥想开始吧！正如斯瓦米·拉玛所言："冥想是独特、精细、准确的方法。"当你掌握了这种方法，会慢慢活成一个满心喜悦、真正快乐的人。

冥想，正在用自己这种静默不语的方式改变着我们。

二、什么是冥想

冥想，其实就是与自己对话。从字面上看，冥就是泯灭，想就是你的念头、想法。冥想就是把你的念头、思虑清理掉，在一点上持久地停留，持续不断地集中。

冥想有一个颇有意思的概念，叫"重新开始的艺术"。这个概念源于冥想在实际操作中需要不断重新开始，重新使自己的内心安静下来。冥想没有太多复杂的门槛，也基本不需要什么道具和条件，它最大的特点就是一次又一次重新开始。在一开始的冥想中，我们的思维总会跳跃，也可能变得不耐烦，但是无论如何，只要重新开始冥想，就是在冥想道路上一次小小的进步与胜利。

那么我们该如何冥想？重点在于通过冥想来创造一种"静态的能量"，就是在平静中和自己相处。冥想是身心的延展，通过冥想这一过程，可以帮助我们面对当初极力想要避免的问题。说到底，冥想就是为我们提供足够长的时间去感受这一切的发生，是一种有趣而有用的体验。

三、冥想的作用

（一）冥想对大脑的帮助

冥想是如何活动变化，使得它对我们的大脑产生作用的？针对这一问题，科学家们用功能性磁共振成像技术（fMRI）对冥想下的神经活动进行探究。结果显示，冥想与大脑海马体和额叶区域的灰质数量有关，而灰质数量又与记忆力、决策能力有关。也就是说，冥想练习会增加大脑中的灰质数量，从而提高人们的记忆力和判断能力。

除此之外，冥想可以让个体的左脑平静下来，让意识听到右脑的声音，这样脑波会自然转成 α 波。当脑波以 α 波（特别是中间 α 波）为主导时，想象力、创造力与灵感便会源源不断地涌出，而对事物的判断力、理解力都会大幅提升；同时，身心会呈现安定、愉快、心旷神怡的感觉，并减缓由衰老带来的脑灰质水平与认知功能水平的降低速度。除此以外，加利福尼亚大学的神经实验室还发现，长期冥想者的大脑皮质褶皱数量比短期冥想者的数量要少，这表明长期冥想可以使人以更快的速度进行信息处理，并形成决策、提高注意力以及形成记忆。所以说，冥想可以改善并提高我们大脑的搜集信息、处理问题的速度和能力。

（二）冥想对身体健康的作用

冥想能让个体保持身体健康的状态。一份来自哈佛大学的研究显示，冥想可以改善线粒体的能量产生、消耗和适应性，而线粒体是人体细胞里的重要组成部分，它影响着细胞的寿命。也就是说，冥想会放慢人体老化的速度，让人看起来比同龄人年轻。

一项科学研究表明，有超过 200 位高风险人员被要求在"良好饮食及运动健康课程"和"冥想课程"中选一个。经过五年的时间，研究人员发现，接受冥想课程的人因心脏病、中风死亡的整体风险相比选择了良好饮食及运动健康误程的人降低了 48%。

并且，冥想者的大脑前额叶皮质和右前脑岛（大脑外侧沟的深部，呈圆锥形）都比一般人厚，而导致老年人认知能力丧失的主要原因就是这些区域的功能退化。发布在《大脑、行为与免疫》（*Brain, Behavior, and Immunity*）期刊的研究结果也显示，冥想可以降低阿尔茨海默病（老年痴呆症）的发病率。

（三）冥想对专注力的提升

冥想对专注力的提升也是显而易见的。专注力是指一个人专心于某一事物或活动时的心理状态。但是在日常生活中，我们很难对一件事情保持持久的专注。

冥想中的专注力很重要，就像前面提到的，冥想是一门"重新开始的艺术"。若非达到对冥想、呼吸持久的专注力，这件事情是很难坚持下来的。因为在一开始的冥想过程中，难免会掺杂一些杂念，这些杂念会影响冥想的效率和作用，达不到一开始预期的效果。但是通过冥想，抛除杂念，将内心专注于呼吸，并长久地坚持下去，当个体从事其他事情的时候，便会惊喜地发现自身的专注力得到了很大的提升。这是冥想在日常生活中对专注力有效的锻炼方法。

例如，当我们在做一件很困难的事情时，如果对这件事不够专注的话，很容易受到负面情绪的影响，并会将其变成自己心中的杂念，影响到对事件处理的专注度。但通过冥想练习，我们会更加专注于眼前的事物，这对专注力提升的帮助是巨大的。

（四）冥想对情绪的帮助

冥想对我们来说，最直观可见的帮助就是缓解压力、放松身心，而压力的放松又和情绪状态是息息相关的。

哈佛大学的调查显示，90% 的疾病来自于个体的内在和情绪。如果长期处于负面情绪中，这些情绪便会形成一种固化物质，堆积在身体里，阻碍身体养分的吸收，还会造成身体器官的功能失衡，破坏身体内部平衡系统，形成疾病。

当天气不好的时候，我们总是觉得自己不会受到天气的影响，但是情绪却会莫名低落；当别人冲我们发火的时候，一开始我们会理性对待，但不久也会怒火中烧。突如其来的情绪爆发不是没有原因的，说明你的情绪已经堆积到一定程度，需要清理。人的身体和心灵就好比是一个透明的容器，如果没有定期、深入地清理打扫，这个容器怎么可能依然通透无瑕呢？关于情绪，拿破仑曾说过这样一句话："能控制好自己情绪的人，比能拿下一座城池的将军更伟大。"由此可见情绪是心魔，要么，你去主宰它；要么，你被它驾驭。

在现实生活中，有很多人已经意识到清理情绪的重要性，并且开始采取行动去清理自己的情绪，比如跑步、找人倾诉、享受美食等。其实，这些清理情绪的办法都只是治标不治本。要想长久、彻底地学会控制情绪，做自己情绪的主人，还得刨根究底，而冥想，就是最好的办法之一。

所以说，冥想并非仅仅是放松这么简单。它还可以改善个体对身体的感受，缓解内心的压力，改善情绪状态。

在日常生活中，人们对冥想所带来的效果和改变还存在一些争论，认为冥想在实际操作中与我们日常生活中的"闭眼休息"并没有区别，而且产生的效果也没有办法呈现可视化的结果。但实际上，现代生物光子学的研究表明，人体能够自发地发出电子和光子，产生肉眼看不见的辉光；而气体放电显像术也显示，我们可以观察到人体散发的光子能量，以及人的能量场在不同状态下的变化。强能量场是由正面的、积极的情绪所引起的，而负面情绪则会让自己的能量场缩小，并影响周围的能量场。

如同电流一样，只要插上电源，就会有能量场的出现，冥想也是如此。只要开始冥想，人体就会产生一种能量场，这种能量场会缓解个体对于外界刺激的反应。当精神处于高度的准备状态，思想上就会产生不安，例如第一次上台演讲的紧张、第一次给自己的孩子换尿布的紧张、当涉及自己不熟悉的领域时的紧张，这时我们便可以使用冥想帮助我们缓解这种紧张情绪。冥想对于紧张的解决办法，并非传统的人们对于解决问题的态度——站在它的对立面，想尽办法去消除，而是不要刻意否定自己的紧张感，在冥想过程中允许自己紧张，接受紧张，随着冥想的过程慢慢放松，只关注和思考呼吸，在呼吸中慢慢缓解紧张。

所以说，冥想会改善一些诸如紧张、愤怒、焦虑等负面情绪，并告诉我们不要一味地逃避、抵触或者是抹消它，而是要在冥想练习中，慢慢学会与这些情绪共存，减轻它对自己的内在影响。

（五）冥想对自信心的提升

坚持冥想练习对于自信心的提升也有积极的效果。自信是指对自己满怀信心，是一种从容平静、遇事不乱的心态。人在冥想的时候，眼前的一切都是虚无的，只有自己的信念才是最真实的；而自己作为这片冥想世界的"创造者"，你的自信和信念是成正比的。通过冥想，你可以在自己的这片冥想世界中磨炼心态，让自己的内心达到一种遇事不惊的状态。当冥想逐渐成为一种习惯的时候，你在察觉自己内心的变化时，会下意识地深呼吸，通过呼吸的方式来达到内心的平静；在面对问题与困难时心态变得平稳，能快速进入思考，最后找到问题的最优解法。结合之前对自己情绪及专注力的磨炼，你会逐渐获得从容、平静的生活感受，从而提升自己的自信。

四、小结

本节主要介绍了三个内容：

1. 从生活现象引入冥想的定义，通过实例揭开冥想的神秘面纱。

2. 阐述冥想的原理，让大家认识和了解冥想的发生和发展机制。

3. 重点介绍冥想的作用，详细阐述冥想给身体和心理带来的积极作用。

五、思考及作业

1. 尝试着在家中静坐冥想 5 ~ 10 分钟，感受自己的呼吸频率，记录下冥想前后的呼吸变化。

　　2. 在冥想之后的第二天，记录下自己前一天的睡眠状态，坚持一周，看看是否有新的体会，并尝试着记录变化。

● 第二节

常见冥想的操作方法

本节将介绍两个常见的冥想类型——呼吸冥想和身体扫描。通过介绍它们的操作方法及注意事项，帮助大家更好地进行冥想练习。

一、呼吸冥想

呼吸冥想是冥想中最常见、最基础的类型之一。有人可能觉得，呼吸这件事情太简单，并没有什么特别之处。但仔细观察会发现，冥想和情绪状态是息息相关的——当处于不同情绪状态下时，你的呼吸频率和节奏是完全不同的。比如，害怕的时候，呼吸是暂停的；紧张焦虑的时候，呼吸是短促的；愤怒的时候，呼气多而吸气少，两者的时间严重不均衡。不同的情绪可以影响你的呼吸状态，那么如果调整你的呼吸状态会不会对情绪有所帮助呢？答案是肯定的。接下来就让我们一起去探寻呼吸的秘密，感受呼吸带给我们身心的变化。

（一）冥想前的准备

如果你之前并没有做过类似的呼吸冥想，建议做以下的准备：

1. 环境

找一个相对安静的环境。在冥想的最开始，我们很容易被外界的环境所干扰，或担心有事发生，或觉得环境本身不安全，所以建议在卧室或者书房进行。冥想期间尽量不要有人打扰，并将电子产品调至静音状态。

2. 衣着

呼吸冥想不需要特意换上正式的衣服，穿上让自己感觉舒服的衣服即可，睡衣也无妨。但如果在冥想的过程中，你突然觉得衣服令自己感觉不舒服，这时尽量不要中断冥想，而是把重点放在呼吸上。

3. 时间

如果你之前没有做过呼吸冥想，建议将冥想时间设置在 5 分钟左右。冥想的训练一旦开始，最好能够一直保持下去。一周可以练习冥想 2 ~ 3 次，时间可以逐次延长，若有需要可以设置音乐闹铃，给自己一些提示。同时，把每天冥想的时间定在同一个时间段。有些人有早起的习惯，洗漱或者早餐过后喜欢做一些呼吸冥想；有些人喜欢在夜深人静的夜晚做一次冥想，回顾自己一天都说了什么话、做了什么事情。以上这些都可以根据每个人的喜好灵活设置。

当你的冥想练习成为习惯，冥想时间也能固定下来的时候，慢慢地，你跟自己独处的能力会越来越强，自我觉察能力也会越来越强。

4. 坐姿

最理想的冥想坐姿是盘腿坐，让双腿轻松地盘于身前，放在脚踝处或其略上方。最好配一个坐垫，这样膝盖更容易低于髋部。当然，对坐姿没有特别死板的要求，可以是各种坐法，但是要注意，无论采取什么坐姿都不要塌背，这是很重要的。

选择冥想坐姿的时候，脑海里浮现两个词：舒适、骄傲。舒适指的是姿势舒服；骄傲指的是背部挺直，但不能紧绷或僵硬，要保持放松。

当然，根据每个人的喜好，也可以直接坐在木质板凳上。如果你觉得坐着不舒服，也可以选择仰卧，双手平摊在身体两侧，颈部下面放一个枕头。

5. 身体局部位置

双手自然垂落在大腿上，掌心向下，不要抓住膝盖，也不要用手臂支撑身体的重量。

眼睛可以闭上，但不用紧闭。如果眼睛睁开更舒适（或发现自己在打瞌睡），可以轻松地凝视前方约两米处，眼睛略向下看，目光柔和，不要眼神呆滞，也不要用力紧盯。

面部可以放松下颌和嘴唇，牙齿略微张开，舌尖轻触上颚。

（二）呼吸放松

完成前面的准备工作之后，你就可以开始进行呼吸练习。以下是引导词：

现在进行几次深入透彻的呼吸。

用鼻子吸入空气，然后用嘴巴呼出。

每次吸气时，要将空气彻底吸入肺部，你的腹部会像吹气球一样隆起。同样地，呼气时也要将气体完全呼出，腹部会随之凹瘪下去。

现在，默数自己呼气和吸气的次数。

吸进气体时，心里默数"一"，吸气持续 3 ~ 5 秒钟；呼出气体的时候，心里默数"二"，同样持续 3 ~ 5 秒钟；继续吸气默数"三"，呼气默数"四"（之后每次吸气和呼气都尽量保持 3 ~ 5 秒钟，这样的呼吸才是比较透彻的）；直到数到十，作为一个呼吸循环。

吸气"一"，呼气"二"，吸气"三"，呼气"四"，吸气"五"，呼气"六"，吸气"七"，呼气"八"，吸气"九"，呼气"十"。

这样的节奏持续 3 分钟，结束后可以观察自己内心的变化，看看是否比之前更平静，然后去感受这份平静。

一个人活着，呼吸是最正常不过的事情，但真的有很多人不懂得如何呼吸。每天抽出固定的时间与自己的呼吸和身体待上一会，让呼吸和身体告诉你心结在哪里，顺着这个心结和自己的潜意识对话。

（三）开始冥想

当你的呼吸缓慢下来之后，可以根据自己的想象（也可播放一些冥想词或者跟着引导语进行），把自己带入一个平静放松的环境中去。

本节提供以下引导语作参考：

闭上眼睛，想象你的面前是一片大海，海面很平静，你赤脚站在沙滩上，双脚踩着细细软软的沙子，你能够感受到沙子已经穿过你的指缝，溢在你的脚背上。今天的阳光暖暖的，微风徐徐，吹拂在脸颊上像是被谁温柔抚摸过一样。一切都已经慢下来了——云朵慢下来了，空气慢下来了，人慢下来了，心也慢下来了。慢慢地走在这沙滩上，看着远处的大海，心好像被这大海的蓝色所安慰，变得开阔而平静；看着海天一色，天地中间站着一个渺小的你，你的不开心、无奈和痛苦都让风与海水带走吧……带着你的开心、你的骄傲和你的愿望，慢慢地睁开眼睛，这时你会感受到久违的放松和宁静。

当呼吸冥想已经成为你的生活习惯时，操作前的准备工作就可以化繁为简了。在日常生活中，当你在走路、吃饭的时候，可以随时关注自己的呼吸，让自己放松下来；当遇到突发状况或紧急事件的时候，你也能快速通过呼吸冥想让自己的内心获得平静，同时回归理智，着手处理当下的问题。

二、身体扫描

相比呼吸放松训练，身体扫描是一种深度的放松和觉知状态。当你真正进入到深度放松的时候，其实你就在为自己的身心做积极有效的支持。同时，在放松的状态下潜意识会浮现出来，这样你就能与更真实的自己对话。

在日常生活中，不知你有没有注意观察过：当有些人压力大或极端情绪来临时，身体的某些部位会先发出警告。比如，有些人压力大的时候，胃部最先不舒服；有些人情绪压抑的时候，喉咙部位最难受；有些人怒气上冲的时候，心脏最受不住。所以在情绪不佳的时候，不妨静下心来感受一下自己的身体，那是它在给你发出警告的信号。

（一）操作步骤

如果你之前没有做过身体扫描，前期的准备工作跟呼吸冥想的操作基本一致，这里着重说明一下身体扫描的躺姿。

第一步：仰面朝天躺下，背部放松，身体作必要的调整以确保舒适；微微闭上双眼，开始感知此刻的身体，感受地板或床垫给予身体的支撑，尽量让躯干和四肢伸展；胸部张开，双臂自然放松放在身体的两侧，手掌打开，掌心向上，双腿伸直，自然向两侧分开，双脚依重力向外，找到一个此刻最舒适的姿势躺好。

第二步：保持这样的姿势静静地躺一会儿，除了感受到呼吸的流动、能量和觉知以外，无论脑子里出现什么念头都不要控制它，保持它本来的样子。

第三步：尽最大可能去关注身体的感觉，对于此刻内心的任何活动，都以保持的态度，不评判不指责，因为感觉并没有对错，只需要感知它，接受它，让它待在那里即可。

第四步：调整呼吸，将呼吸放慢（详见上面的呼吸放松训练）。

第五步：将注意力放在双脚上，从脚趾头开始，感觉每一个脚趾——脚趾与脚趾的连接、脚趾之间的空隙；仔细感受此刻身体这个部位所拥有的感觉，或瘙痒，或温暖，或冰冷，或无感；感觉脚趾头的大小和形状，慢慢地将注意力转移到和脚趾连接的脚面、足底、足弓、脚踝、跟腱，继续向上移动到小腿，一直向上到右侧膝关节；用心观察此处，随着下一口吸气，将注意力扩展到整个右腿下端和右脚，感受此刻这个部位的存在和能量，随着下一口呼气，将这一部位融入背景之中。

第六步：继续缓缓向上移动，移动到大腿，感受大腿的肌肉，如果它是紧绷的状态，感受一下发生了什么事情让它变得紧绷，然后慢慢放松下来，继续往上走。

第七步：将注意力转移到盆腔，感受此处是否有紧张和不适，意识到那种想除去这些不愉快感觉的冲动，放松并放下。现在来感受这个部位，从臀部的肌肉到内在的重要器官，到上面的腰部。随着每一次呼吸，觉察此部位的感觉，是否有紧张和不适，对这些敏感的部位保持开放的态度，允许这些感觉发生，允许这些感觉自然消去，在这个安全的时刻只需感知和觉察就好。此刻，无论什么情感、念头涌现，只需意识到，随着下一次吸气，将意识充满整个部位，然后随着下一次呼气，让这个部位融入意识浩瀚的背景之中。

第八步：将注意力转移到躯干、腹部，以及腹部的两侧、背部、胸部、肋骨、肩膀、手臂、双手、手指，觉察此刻的感觉，用意识来关照这些部位，用一些好奇心感受躯干的体积、躯干的形状和表面的皮。

第九步：将注意力转移到颈部、咽喉、面部、头皮、耳朵、眼睛、鼻子和嘴巴，关注这些部位是否有紧张和不适，放松下巴，让舌头柔软地待在口中。

第十步：随着下一次吸气，感觉能量或意识从头的顶部吸入，就好像鲸鱼在利用头顶的气孔吸气，让这股暖流穿过全身，充满整个身体，为之带来源源不断的能量和营养。随着下一次的呼气，让这股暖流继续向下行，从双脚的脚底穿出，最后离开身体。

第十一步：让身体成为一个通畅的管道。随着呼吸能量进入、逗留、充满、再离去。现在，放轻松，停留于此刻的觉知之中，感受到整个身体对这个完美的身体充满感激，然后顺其自然地回到现在的自己，觉知、觉醒，并活在当下。

第十二步：全身扫描之后，当身心放松下来的时候，慢慢地坐起来。在接下来一天的生活里，保持这份宁静和安详。

（二）注意事项

1. 身体扫描可以从上往下，也可以从下往上，根据个人习惯即可。

2. 在进行身体扫描的时候，如果出现心绪不稳，可以通过呼吸放松，从缓慢呼吸入手，再进行身体扫描。

3. 在进行身体扫描的时候，扫描的速度一定要慢，如果在身体的某个部位卡住了，也不要强行继续，去感受那个卡住的部位给你带来的感受，和这样的感受待在一起，直到它不那么强烈，再继续进行下去。

4. 如果某个部位带来的感受和冲击是你无法化解和处理的，建议暂停扫描，做几次深呼吸。如果有必要，可以寻找专业的心理咨询师协助自己一起探索这个难题。

【案例】

每当负面情绪来临或者压力很大的时候，小洁的嗓子就非常难受，就像是喉咙里被放了一块石头，吐不出来也咽不下去，更是吃不下饭，家里人问话也不搭理。时间一长，家人也习以为常，每当她心情不好的时候，会让她自己一个人待着，过一会她就会像什么事都没发生一样，继续吃饭、聊天和工作。

咨询师尝试用身体扫描让小洁的身体从上到下放松下来。随着咨询师的引导，小洁的头部慢慢放松了下来，不再紧皱着眉头、抿着嘴；继续往下走时，就在喉咙这里卡住了。当扫描到这个部位的时候，小洁的反应变得强烈，那种渚塞感和钝痛感让小洁无处躲藏。

心理咨询师："如果喉咙这个部位让你感觉不舒服，不要控制这种不舒服感，慢慢走近你的喉咙，看看它发生了什么。"

小洁（声音有些哽咽）："特别难受，都是一些不开心的经历。"

心理咨询师："当你遇到这些不开心的经历时，你都会做些什么呢？"

小洁："我会咽唾沫，不停地咽，直到把这股难受的感觉咽下去。"

心理咨询师："每次都是这样吗？"

小洁："是的，虽然很难受，但是我也不想说，说了也是给别人添麻烦。"

心理咨询师："你是怕给别人添麻烦，所以不论发生什么不好事情都自己一个人承担，打掉牙也要往自己肚子里吞，是吗？"

小洁："是的，小时候父母忙，没时间管我，我在外面受气也不敢告诉他们，我觉得告诉他们也没用，还不如自己一个人消化。时间是最好的良药，这些不好的情绪都会随着时间过去的，过去之后我还是会像往常一样该干什么干什么。"

心理咨询师："有了情绪之后，时间一长过去也就过去了，但是情绪在你喉咙里留下来的难受的感觉是不会这么轻易过去的，你只是暂时把它压抑下去，当类似的糟糕情绪来临时，这种感受就会再次出现，这样不停地积累，直到有一天你会支撑不住的。身心是相连的，你难受的感觉会在你的身体里留下痕迹。"

小洁听到这里泪流满面，曾经的那些不开心和委屈在脑海中像海水一样翻腾，让她无处可逃。

心理咨询师："你不需要逃，你可以自己做几个深呼吸放松，将这些难受的感觉说出来、喊出来、流出来，这样你会感觉好一点。但是这个不能着急，我们在之后的咨询中会一点一点地理清这些感受，将它们表达出来，同时打破之前你的思维和行为模式，学会正确处理自己的情绪。"

从案例中可以看到，咨询师通过呼吸让小洁放松下来，接着用身体扫描作为切入点寻找小洁的症结所在。小洁身体的卡点在喉咙，有太多的苦楚、郁闷、愤怒、无助等情绪都被小洁深深地压抑下去，她觉得压抑下去就消失了，自己可以当什么事情都没发生过一样，继续工作和生活，但这些都在她的身体里留下了痕迹，那些曾经不愿意面对的东西早晚还是要面对。

以上是一个简短的咨询案例，在咨询室外，普通人群也可以通过冥想的方式与自己的身体接触，看见自己、接纳自己、表达自己、爱自己。

三、小结

本节主要介绍了三个内容：

1. 介绍冥想操作前的准备和呼吸冥想的具体操作步骤。

2. 介绍身体扫描的操作步骤。呼吸冥想和身体扫描这两种常见的冥想方式简单易行，适合在家或者办公室进行。

3. 用一个案例说明冥想的作用。当然冥想并不能包治百病，但至少是打开自己和身体之间连接的钥匙。身心相互影响，那些被压抑的感受、情绪和念头并不会因为所谓的遗忘而真正消失，它正在某个小小的角落里积蓄力量等待被你关注。

四、思考及作业

请根据自身的实际情况，抽出特定的时间，进行以上两种冥想方式的实际操作和练习，并思考以下问题：

1. 在呼吸放松的时候，你有什么感受？是否会比之前感到放松？

2. 在身体扫描的过程中，你在哪个部位卡住了？那个部位给你带来什么感受？

● 第三节

走进冥想的世界

本节将介绍冥想的类型以及冥想中我们可能会遇到的问题。正因为冥想拥有不同的风格类型，所以我们要有甄选的能力，根据自己的喜好挑选适合自己的冥想类型。而针对在冥想中的困扰、冥想误区的解答会帮助大家解开谜团，给大家一些启示和思考。

一、冥想类型

一提到"冥想"两个字，相信很多人的第一印象就是静坐。其实，"冥想"并不是一个单一的活动，它包含各种不同的练习方式。虽然冥想的种类繁多，但它们并不是相互排斥的，从本质上看是相通的——它们都是让大家去觉知、活在当下，只不过形式不同而已。

很多研究已经证实，冥想对人们的身体和心理有众多好处，但客观来说，并非所有的冥想方式都适合所有人，不同的性格、气质类型和思维方式决定了在选择冥想类型时的差异性。记得迷失在仙境中的爱丽丝问柴郡猫："我该走哪条路？"柴郡猫回答说："这取决于你想去哪里。" 柴郡猫对爱丽丝的建议也适用于冥想，根据自己的需求去选择冥想类型。在挑选冥想类型的时候，通常需要进行一些反复性的尝试，不要浅尝辄止，否则会影响你和冥想类型的匹配度。

下面介绍几种比较常用的冥想练习类型：

（一）呼吸冥想

呼吸冥想是一种比较常见的呼吸方式。它在训练注意力方面具有良好的效果，不仅能够提高专注力，还能帮助改善呼吸质量，使人的心绪更加稳定、平和。呼吸冥想需要去觉察自己的呼吸，去感受呼吸在身体的流动。关于呼吸冥想的具体操作步骤，第二节有详细的介绍，在这里不再赘述。坚持练习呼吸冥想会让你有更深的探索内在的体验。

（二）身体扫描冥想

身体扫描表面上看起来很简单，但实际上在练习的过程中要求练习者保持高度的觉察，所以全程练习下来并没有那么容易。身体扫描冥想一般是从脚开始，感受脚的感觉、血液的流动和身体的振动，之后一步一步向上感受，一直到头部。在练习过程中，你需要接纳自己的身体在那个当下所浮现的任何感觉，不去批评也不要去纠结，一点一点继续往其他部位推进即可。身体扫描对于放松身心也很有帮助。第二节里的身体扫描冥想练习，对每个人来说都简单易学。身体扫描冥想对入眠困难者来说，是一种福音，坚持练习能获得自然而然的轻松睡眠。

（三）专注冥想

专注冥想因其操作简单、快速有效而深受人们的喜爱。专注冥想可以通过多种方式进行，有很多事情你可以选择去专注。专注冥想的核心是通过五种器官来集中注意力，把注意力放到某一个事物上，比如把专注力放在呼吸上，或者是将焦点放在蜡烛、水声等其他的外在事物上。刚开始进行专注冥想的时候，人们常常会习惯性地按照自己的习惯模式生活，因此当接触到一些与平常不同的事物时，比如说开始练习冥想，则需要一些时间来慢慢适应它。

（四）正念冥想

正念冥想是目前西方比较流行的冥想技巧。正念冥想需要将注意力集中在呼吸的流动上，去感知周围发生的一切，让意识自然而然地流动，就像流水一样，不控制、不阻碍，保持对自我的觉知和对自我感受的警觉。无论你脑中浮现什么想法，都不去干预，也不要试图分析。这种冥想方式并不是让你消除焦虑、压力等，而是让你去找到一种和它们共存的生活方式和生活状态。

（五）运动冥想

运动冥想是一种积极的冥想方式，和其他的冥想方式有些不同。相信大多数的人都听说过瑜伽，瑜伽其实就是运动冥想的一种形式。运动冥想也可以是散步，只是需要在散步的时候注意自己身体的感受，感受脚落地的感觉和手臂摆动的震动。如果在这个过程中，你感觉到自己思绪乱飞，可以试着将自己的注意力放到自己的脚上，把自己拉回当下。可能刚开始时你会有不舒服的感觉，但只要你坚持每天去做，从很小的目标开始，随着时间的推移，你会逐渐享受到运动冥想带来的乐趣。

（六）咒语冥想

听到这个名称，有些人会觉得很深奥，又很奇怪。这是因为我们总觉得在冥想中不能发声，如果发出声音会分散注意力，但是当真正体验了咒语冥想后，就会感受到其中的神奇之处。咒语的作用是帮助你更加专注、摒弃头脑的杂念，从而对自己有更深层的认识。其实，这里的咒语可以是一个简单的、积极的短语或者是词。在冥想的时候，重复你的咒语，并关注你发出的声音，去觉察自己身体的感受。可能对于很多人来说，专注于单词可能比专注于呼吸更容易。

冥想不是一件强制性的事情，你完全可以根据自己的意愿去练习冥想，也可以在实际操作中进行简单的自我调整。如果你强迫自己去冥想，有目的地去追求某些冥想体验，反而会收不到良好的效果。冥想需要你找到适合自己的方法，从常规练习入手，持续练习，逐渐地，你会发现情绪问题、失眠问题都得到了缓解，个人的幸福感也有极大提升。

当然，除了上面提到的这六种流行的冥想，还有超验冥想、精神冥想等冥想类型，这里就不再一一介绍了。冥想的好处有很多，但是找到适合自己的类型很重要。冥想初学者对这六种类型不必面面俱到，从自己感兴趣的一种开始即可，假如你更喜欢发出声音的冥想，那就可以从练习咒语冥想开始。

二、冥想的误区

（一）冥想的认识误区

1. 冥想就是去控制想法，然后"放空"大脑，什么都不去想吗？

冥想不是去控制想法，尽管冥想通常要求保持心灵平静，但这并不意味着脑海中一片空白。当你在冥想过程中思绪飘移时，只需慢慢地把自己拉回当下即可，看着那些思绪，不加任何评判，也无须对自己苛责。对于常人来说，很多思绪是控制不住的，完全什么都不想是一种很难达到的境界。如果你从一开始就要求自己在冥想中什么都不去想，可能会在后续练习中产生一种挫败感。冥想是一个循序渐进的过程，所以刚开始练习冥想时，思绪乱飞是很正常的表现。

2. 冥想就是身体保持不动，大脑跟着思绪去活动吗？

这是对冥想的一个错误的认知。如果你不去对自己的思绪进行控制，任凭大脑胡思乱想，让你的头脑超负荷运转，这样不仅没有效果，还会让自己觉得疲惫不堪。冥想是让思考变慢的过程，帮助思绪集中，不受外物的干扰。可以说，冥想是一个"调心"的过程，是一种在精神层面的实践。

3. 如果去冥想，头脑主要想什么呢？

冥想可以分为几个阶段，在不同的阶段里，练习者所需要冥想的内容是不一样的。对于初次冥想的练习者，只需要去关注自己的呼吸即可，关注自己吸气和呼气的位置，心中默念"深深地吸气，缓缓地呼气"，这样不断地重复，让自己的心慢慢平静下来，把自己拉回当下。

4. 冥想就是指正念冥想吗？非正念冥想都包含什么内容？

冥想有很多的种类，正念冥想是其中一种。正念冥想的核心要义就是回归当下，全然专注在眼前发生的事情上，或是你此刻正在做的事情上。正念冥想没有所谓"应该"的样子，它是一种"本来"的样子，没有好不好、该不该。你只需要去接纳，去感受身体感觉、情绪感受以及自己脑海中的念头。非正念冥想则包含了其他的内容，比如视觉想象、催眠暗示、调节放松等，和正念冥想的"议题"完全不同。

5.冥想的效果这么神奇，应该会很难吧？

对于这个问题，可以肯定地说：只要会呼吸，就会冥想。换句话说，冥想并不属于某些有天分的人，也不是一种宗教信仰，它是一种生活方式，并具有普遍性和实用性。在学习冥想之前，不要求有专门的训练经验，也不需要擅长打坐。冥想，它属于所有的人，是所有人都可以体验和接收的生命的礼物。大众群体对冥想一直以来存在一些固有认知，比如会把它直接等同于"打坐""发呆""念经"，其实这极大地限制了冥想的发展。冥想中有一类是"思考式的冥想"，这种冥想鼓励人们将冥想融入日常活动，例如在洗碗时留意水的触感和手的运动，在吃饭时对食物心怀感激，对其他不幸的人表达祝福等。只要用心，你就会发现冥想并没有想象中那么难。

（二）冥想的操作误区

1.冥想中我总是想动，怎么办？

刚开始冥想时，你可能只练习了几分钟就会感觉自己如坐针毡，很想动一下，这是很正常的现象，不必感到愧疚。在刚开始练习冥想的时候，当要求你的大脑从之前一直喧嚣的状态安静下来时，它肯定会不适应，会反抗，会捣乱，但你需要做的就是再坚持一下。当你不断训练你的大脑，慢慢你就会发现自己能越来越快地进入安静的状态。

2.冥想中总是打哈欠、想睡觉，怎么办？

如果你感觉自己想睡觉，可能是因为你是敏感的体质，比较容易进入冥想的状态。其实，并不是说在冥想中犯困就没有效果了，因为冥想是在你潜意识层面工作的，所以即使在冥想中睡着了，你依然可以接收冥想传达的信息，保留冥想的效果。当然，在冥想中睡觉，也有可能是你的意志力有些薄弱，所以无法完全跟随冥想的节奏。无论怎样，即使你不能像其他人那样迅速地感受到冥想的好处，也别灰心，试着在你更清醒的时候练习冥想会有更好的效果，比如在白天的时候，而不是在接近就寝的时间。

3.冥想中会突然感觉很烦躁，很不正常吗？

出现烦躁的状态，说明你内心堆积已久的情绪需要得到清理。你已经习惯了这个喧嚣的大脑，在进行冥想时，你的"小我"会作祟，拼命地抵抗这次"大扫除"行动，不让它进入你的内在，还命令它立刻退回安全区，不让它打破安全区。所以，你会突然变得非常情绪化。确实，刚开始进行冥想对我们每个人都很难，就像养成一个新习惯一样，需要有一段过渡的时间。你可以允许自己静静地坐10分钟，像一个旁观者一样去关照自己的念头，不去控制，不去评判，有时候不控制是最好的修行。

4. 冥想中我总是怀疑冥想的效果，这样对吗？

当你的怀疑占了上风，总是质疑这种简单的做法是否真的能在某些方面帮助到你，这时对你而言，冥想的效果已经打了折扣。你内心的真实状态会影响到冥想的状态。大量的证据已经证明了冥想的良好效果，所以你应用开放的心态去练习冥想，去相信整个冥想过程。

5. 冥想结束后，需要立刻改变冥想姿势，回到现实吗？

在退出冥想后不要着急活动，退出冥想状态时动作要缓，让你的大脑先平静一会，慢慢把自己拉回当下。你也可以先活动一下自己的脚和手指，然后缓缓睁开双眼，这种缓慢的转换过程可以让冥想的感觉持续更久。

对于冥想，无论是在认识层面还是在操作层面，人们都会有很多的顾虑，这会间接影响冥想练习的效果。以上这些针对冥想误区的指导，希望能帮助大家进一步了解冥想，摆脱思想的束缚，把坚持练习冥想落到实处，让自己变得更自由、更健康，在改变自己的路上变得越来越好。

三、小结

本节主要介绍了两方面的内容：

1. 介绍了目前比较常见的六种冥想类型，包括呼吸冥想、身体扫描冥想、专注冥想、正念冥想、运动冥想及咒语冥想。

2. 深入分析了冥想的误区，包括冥想前的认识误区和冥想中的操作误区，帮助大家进一步了解冥想中可能会发生的各种状况，做好心理预期建设。

四、思考及作业

每天抽出 10 ～ 20 分钟，练习比较适合自己的冥想方式，并思考以下问题：

1. 你觉得哪种类型的冥想更适合自己，说出你的原因。

2. 冥想后可以问问自己，身体存在怎样的感觉，现在感觉如何？发生了什么？坚持每天进行记录。

● 第四节
让冥想走进你的生活

本节内容将介绍日常生活中常见的冥想练习类型，帮助你更好地将冥想融入日常中，随时随地感受身体和内心的改变。

一、日常生活冥想的特点

冥想不仅仅局限于某一种固定的形式，日常生活中随时随地都可以进行短时的冥想。这种短时冥想具有方便、易操作、时间短等特点，非常适合处于忙碌生活的群体。比如对于生活节奏快的人来说，时间很宝贵，工作压力大，如果让他们留出时间和空间来做冥想放松，他们会因为太过忙碌而难以坚持。所以这种基于日常生活的短时冥想很适合这类人群。

这种短时冥想操作很简单，比如当你感觉到压力大、无法排解的时候，可以在当下把注意力集中到你的呼吸上，用冥想去清空自己的负面想法。再比如早起刷牙的时候，也可以进行冥想，感受牙刷刷过你每一颗牙齿的感受，尽可能多地让牙刷停留在你的每一颗牙齿上，用心去感受当下。

二、日常生活冥想的意义

在前面的章节中，我们学习了冥想的积极意义，冥想可以释放压力、缓解情绪，还能够让我们感受自己身体和心灵的能量。冥想有很多积极的作用，那么当我们把冥想融入到日常生活中时，它会对我们的生活产生哪些意想不到的作用呢？

（一）日常生活冥想能够提高生活幸福感

尝试每天在自己的碎片时间中做一做简单的冥想，这样不仅能够缓解生活中的压力，还能够让你在快节奏的生活中慢下来，感受自己前进的脚步。把冥想引入日常生活，让它作为一种帮助你面对问题的方法，把它当成生活的一部分，感受冥想带来的益处。它不仅能够提高生活质量，还能够提升生活的幸福感。

你可能会疑问，冥想怎么能够提高生活质量呢？比如吃一个苹果，很多时候我们是直接吃掉，仅仅感受到了苹果的酸和甜；但如果用冥想的方法来吃一个苹果，感受到的就不仅仅是一个苹果了，而是各种感觉器官融合在一起的体验，平时感觉微不足道的事情都会变成一种幸福的体验，最后成为生活的日常。

（二）日常生活冥想能够巩固家庭关系

处于冥想状态中的人会拥有更加平静的心情。平静的状态会避免很多矛盾的产生，对于日常生活来说，会减少很多家庭矛盾，帮助巩固家庭关系。

毫无疑问，冥想可以帮助维护良好的夫妻关系。冥想能够帮助你较为平和地去思考，去释放那些无意义的想法，并用一些积极的想法来取代这些可能对他人造成伤害的想法。通过这种方式，冥想可以帮助建立并维护良好的亲密关系。冥想帮助保持和谐夫妻关系的一个关键点是：冥想有助于缓解冲突。有研究认为，冥想可以缓解夫妻关系中的压力。当家庭需要面对亲密关系所带来的压力时，他们是没办法保持大脑的理智和逻辑的。如果此时他们尝试使用冥想训练，等情绪变得较为平和之后再进入认知部分，夫妻之间便能更好地增进感情。

（三）日常生活冥想能够提高工作热情

在工作中进行冥想不仅能够缓解工作的压力，还能够提高工作中的注意力，并不断迸发出新的思维和创造力。当人们在工作中遇到问题时，总会有焦头烂额的体验，这个时候头脑不仅充斥着焦虑和压力，工作的热情也会越来越低。当遇到问题时，你可以先静下来进行简单的日常冥想，感受呼吸和身体的感觉，思考工作的意义；感受完成工作带来的体验和心情的变化，享受工作中的乐趣，并学会换个角度看待问题。当你专注于自己的呼吸，对遇到的每一个工作上的问题不作任何评价，也不去责怪，只是单纯去感受，并带着这种觉知去工作，你的工作热情会大大提高。

三、日常生活中可以做的冥想

当你学会冥想，并开始尝试进行冥想练习的时候，不妨从生活中的一些小事开始，比如工作休息、排队买东西、过马路等红灯的时候都可以进行冥想练习。短时的日常冥想只需要 5 分钟左右的时间即可。那么日常生活中到底有哪些事情可以用来做冥想训练呢？又该如何去练习呢？

（一）身体感受冥想

当你在感受内心的同时，感受自己的身体也同样重要。感受身体才能更好地去感受情绪。你可以去觉察身体，察觉哪里是否有不舒服的感觉。不要去想象，只是去感受；不要去分析，不要尝试去对抗这种感受，而是单纯地觉察。还有一种方法：为了更好地感受身体，你可以尝试去做前面提到的身体扫描，从头部、颈部、手臂、胸部、腹部、大腿……一直到脚底，根据从头到脚的顺序去扫描，去感受每一个部位当下的感觉，把注意力放在身体上。

在日常生活中怎样进行短时的身体感受冥想呢？

首先，找到一个舒适的姿势坐在地上，双腿盘坐并让背部挺直。如果你感觉坐姿不舒服的话，可以选择躺下来，把双手自然地放在身体两侧。找到舒服的姿势之后，轻轻地闭上双眼。

其次，将注意力放在周围的声音上，去聆听它们，不用带有任何想象和思考，只是聆听；然后把当下这种放松的注意力集中到呼吸上，或者自己的身体部位上，比如胸部、面部上等。

接着，去感受你的呼吸，感受吸气和呼气的起伏，在心中默默地感受着。当你感受到有一种身体的感觉能够完全吸引你在呼吸上的注意力时，不要抗拒这种感受，也不要用呼吸的感受去对抗这种身体感受，而是尝试将自己在呼吸上的注意力转移到这个新的身体感受上，并把这种新的身体感受当作接下来的冥想关注对象。

此刻请你默念出当下你的身体感受，可以是清凉、疼痛、温暖等描述，不需要是精准描述的词语，只要是你的感受即可。在你默念的时候将这种感受与自己的身体相连接，不用去控制也不用去分析，只是去感受这种身体的感觉就可以，并最终任由这种感受消失。

如果你的感受是愉快的，那么你会享受并想留下它，但是如果你的感受是不愉快的，你会紧张甚至想要逃避。无论是什么感受，尝试回归本来的感觉，任由这种真实的体验存在或者消失。

如果你产生了疼痛的感受，那么不要试图逃避，去关注疼痛的位置，并察觉疼痛：疼痛给你的感受是什么？疼痛是单独存在的吗？你需要去认真地追寻这种疼痛的感受，了解在你观察的过程中，这种疼痛有没有减弱，你的感受有没有被分散；当你再次回到疼痛的细节上的时候，它是否会因为你的关注而产生变化。不要长时间地将专注力集中在疼痛上，需要适时地将注意力转移到呼吸上，跟随着呼吸和身体的感觉，放松下来。

最后，当冥想结束之后，想象自己是否能够将注意力集中在自己的身体感受上。对于日常生活的身体感受冥想，可以在每天做事的时候尝试把注意力放在自己的身体上，感受它们当下的感觉。

（二）行走冥想

很多人认为冥想只能是以坐着盘腿的姿势来进行，但其实并非所有的冥想都需要坐着进行。比如行走冥想，它需要你在日常生活的行走动作中进行冥想，将注意力集中在空间移动的过程和身体感受上。在行走冥想中，你跟随的是前一步到下一步起落的过程，并将自己所有的注意力集中在这种身体感受上，感受自己的脚。

练习行走冥想，需要找一个安静的场所，在这个场所需要直线行走三米而不需要回头的空间。走的时候保持你的头部抬正，颈部不要僵持，眼睛睁开来保持平衡；不要让身体过于紧张，如果在行走的过程中感受到了身体的僵硬就停下，放松之后继续进行；也不要试图去保持优雅的姿势，因为这也不是舞蹈比赛。

首先，用一个自己感觉最舒服的姿势停留在起点，双脚分开，保持两个脚均匀地受力，双臂自然下垂。

其次，把自己的注意力全部集中在腿或者脚传来的感受上，并尝试记住这些信息。感受脚上的每一个部位，感受脚底和地面接触的感觉。体会你与地面接触的感觉是柔软的，还是坚硬的？将整个注意力集中于脚部和腿部，去感受每一个接触的感觉。

接着，将注意力中心转移到其中一个脚上，转移的过程中动作尽量缓慢，去感受这种改变所带来的身体上每一个细微变化的感觉，去感受腿部肌肉的拉伸，感受身体平衡的转变，感受新的受力点与地面的接触，感受支撑腿的微颤。

体验了上面一系列的感受之后，你就可以开始行走。将注意力放在运动的腿上，动作充满平静，匀速前进，感受迈步的时候腿部肌肉的变化，感受脚底落地之后与地面的摩擦，专注于自己的步伐和身体的改变。

匀速行走之后，尝试把脚步放慢。注意自己这些看似平淡无奇的动作。为了提高自身对感觉的敏感性，在放慢的同时，拆解你行走的动作：每向前行走一步，都需要抬高、迈步、放下、触地的过程，尝试去感受每一个过程中的感觉，让自己沉浸在这种流动的行走动作中。如果注意力出现转移，就需要把它拉回到刚才的动作和感受上，继续去体会身体重点的转移，感受一只脚的落地和另一只脚的抬起。然后让自己慢慢地适应这个新的节奏，抬高、迈步、放下、触地，循环这个过程。

当你在感受腿部和脚步的感觉时，身体可能会出现短暂的僵硬，这时你需要照顾一下身体的感受，关注自己臀部和背部的感觉，但不需要去辨认它们现在是什么状态，只是需要去感受它们给你带来的感觉。然后继续回到自己的腿部和脚步上，继续去感受腿部肌肉的改变和脚底接触地面摩擦的感觉。

继续行走，并在心中默念"抬高、迈步、放下、触地"。如果你在整个行走的过程中感觉身体不好控制平衡，那么可以尝试一下加快你的步伐，等你把专注力全部集中到你的腿部和脚步上的时候，再逐渐放慢速度，并寻找一种能够让你保持身体平衡的行走速度。

最后，行走一小段时间之后，停下来静静地站一会，体会你所感受到的一切，并接纳它们，然后慢慢地结束本次冥想练习。

这种行走练习，可以随时随地进行，进行中要把注意力集中在自己的身体感受上，并接纳它们。

（三）饮水冥想

在日常生活中，我们会频繁地进行一系列不会引人注意但每天都会做的活动，比如喝水、说话、吃饭。你有没有关注过吃饭咀嚼时每一个动作的感受？有没有感受过说话时五官活动的感觉？饮水冥想，就是要去关注喝水的每一个过程，放下吸引注意力的事情，单纯地倒一杯水，喝一杯水。

首先，慢慢地把壶中接满水，聆听水逐渐上升的声音变化；当壶中水满之后，插上电，去听水沸腾时的声音、水蒸气冒出来的声音。

然后，拿起水杯，将注意力放在杯子上，仔细观察杯子的颜色和形状，手握杯子时感受杯子外壁的温度。缓慢地举起杯子，感受手腕发力的感受。待壶中的水温凉之后，将水倒入杯子中，此时去听水流动的声音，感受水与杯壁碰撞过程中水流颤动的声音。

接着，用舌尖去感受水的温度。当水喝进口中时，感受入口时水流划过舌尖、吞咽时水流掠过喉咙的感觉。

最后，将杯子放下。整个过程一定要尽可能地放慢，细细地感受每个动作，只是去感受，收起分析和思考。

（四）专心生活冥想

除了上面几个日常生活中可以做的冥想之外，还有哪些冥想可以随时随地地练习呢？

1. 观察雨水冥想

下雨的时候，你可以将手伸至窗边感受、冥想，把注意力放到下雨的声音上。是滴滴答答的声音吗？这种声音的雨滴是什么形状的呢？是大雨点还是小雨滴呢？除了下雨的声音，有雷声吗？仔细听雨滴打在窗户上的声音。这时将一只手伸到窗外，去感受雨滴落在手心的感觉，感受皮肤微凉的感觉，感受湿润的感觉，认真地去感受。

2. 专心吃饭冥想

吃饭是日常生活中必经的事情，也是在日常生活中最容易实现冥想练习的行为。当坐在饭桌前时，首先观察面前这些食物的形状和颜色，闻一闻食物的香气。接着，观察你面前餐具的形状和颜色，摸一摸餐具，感受它们的质地；感受自己坐在桌子前的姿势，感受自己腹部的感觉，感受饥饿的感觉。然后，把食物缓慢地放进嘴里，感受这个时候手腕和小臂的变化，张开嘴巴，感受面部的变化；食物进到嘴里之后，感受它的味道、温度，以及碰触舌尖的感觉。最后，吞咽食物，感受它进入喉咙和胃里的感觉。

3. 专心刷牙冥想

早起洗漱时，我们可以做一个简短的刷牙冥想。

刷牙的时候，去感受牙刷与每一个牙齿的接触，感受手臂发力的感觉，感受口腔内的感觉，并继续感受牙膏的味道，感受牙膏带给口腔的刺激，以及感受牙龈的感觉。

冥想能够帮助我们缓解情绪、释放压力，并提升内在力量和身体能量，让我们更好地面对个人成长中所需要面对的议题。所以我们需要学习冥想，将冥想引入日常生活中，随时随地练习，感受冥想的力量。

四、小结

本节主要介绍了三个内容：

1. 日常生活冥想的特点：方便、易操作、时间短。

2. 日常生活冥想的意义。将冥想作为日常生活的一部分，不仅能够巩固家庭关系，还能够提升生活的幸福感。

3. 四种日常生活冥想的类型以及具体的操作方法。这四种日常生活冥想分别是身体感受冥想、行走冥想、饮水冥想和专心生活冥想。这些易操作的冥想可以更好地运用到生活中，帮助我们更好地调节自己。

五、思考及作业

请选择本节介绍的一种日常生活冥想，坚持练习一周，并参考图 5 绘制折线图。根据你每天的状态在 0~10 中选择相应的数字在图 6 进行标注，并在最后一天把这些数据点连成一条折线，感受自己一周的情绪变化。其中，"0"代表很差，"10"代表非常好。

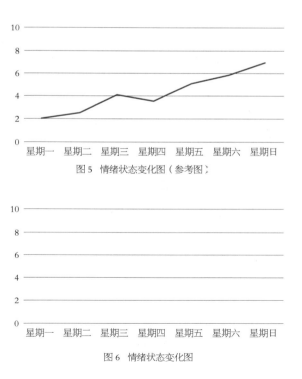

图 5 情绪状态变化图（参考图）

图 6 情绪状态变化图

● 本章知识拓展

生活小常识——能量哈欠

生活怪圈：打哈欠这个行为频繁出现在我们每一天的工作和生活中。早晨早起上班会打哈欠，晚上熬夜会打哈欠，工作一天感觉疲惫了也会打哈欠。尤其是在我们的办公室内，一到下午就感觉打哈欠的次数特别频繁，有时候还发现哈欠会"传染"，同事们都在此起彼伏地打哈欠。

打哈欠的行为总是在我们不经意间发生。不知道你有没有发现，每一次打完哈欠，都会感觉身心的疲惫得到了缓解。其实打哈欠对我们有很多的积极作用，比如缓解紧张、消除疲劳、放松肌肉等，飞机降落时打哈欠更能帮助平衡中耳内的压力。德国保健协会建议，长时间面对电脑的人，如果想让眼睛休息一下，打个哈欠当是最为方便和有益的。这个常常被我们忽视的哈欠，其实有很多你意想不到的作用。

多数人通常会抑制打哈欠这一行为，尤其在公众场合。其实大可不必，打哈欠只是说明你累了、身体疲惫了。打呵欠是刺激脑内血液循环并激活身体能量的自然呼吸反射现象。

支持技巧：能量哈欠。双眼轻轻闭合，双手按揉腭关节附近的肌肉（咬肌），跟随身体感觉打出哈欠，并伴随深沉的哈欠声。由于大脑和身体间50%以上的神经经过腭关节区域，按揉该区域有助于增进身体平衡和大脑两半球的互动能力，提高注意力、认知能力及语言表达能力。该过程还能刺激泪腺分泌，缓解眼疲劳。

A FTERWORD 后记

　　我们以"自己"为主线，带大家一起踏上"认识自己—探索自己—调整自己—超越自己—提升自己"的旅程。我们体验了快乐，感受了压力，体味了回忆的伤痛，相信每个人在这一趟旅途中都或多或少地对自己有了一些新的认识，也有了一些新的收获。

　　我们从认识自己出发，通过对九种人格类型的具体介绍，帮助大家深入地了解自己的人格优势，还提到了一个很重要的观点：每个人都有一个主导人格，也会有其他人格的相关特点；同时人格具有相对稳定性，但是又具有动态变化性，有时候缺点可能会在某些场合变成优势。所以，认识自己首先需要做到的是在接纳自己的优点的同时也接纳自己的缺点，在工作和生活中善于转化，发展优势。

　　探索自己也是为了更好地认识自己。探索自己的原生家庭，逐步地觉察自己的童年创伤，看到这些创伤是如何对自己产生影响的。虽然这个过程会伴随着伤心和痛苦，但是只有察觉到那些隐蔽起来的伤痛，才能逐步将自己和创伤分离，重塑自我的内在力量。

　　认识自己之后会引发调整自己的举动，情绪是使我们陷入问题中心的重要因素。焦虑、抑郁、愤怒、压力，每一种情绪都像一只无形的手掌控着我们的工作和生活。我们要科学地认识情绪，掌握合理调整情绪的方法。本书中对正念、冥想、呼吸调节法等都作了详细的介绍，平时生活中大家不妨尝试使用这些方法来调整自己。

　　在探索自己的过程中，我们还发现自己难免会因为某些事或难题而产生自卑心理，觉察自卑才能更好地为超越自我做准备。自卑并不可怕，当你觉察到自己拥有自卑体验的时候，可以想一想自己的认知是否发生了偏差，多去感受自己的优势，运用书中的方法一步步地去行动，从而重建自信。当你对自己充满信心的时候，你便在超越自我的路上有了巨大的飞跃。

　　当经过了上面几个人生"景点"之后，你将来到自我成长旅程的最后一站——提升自我。正确认识挫折，从容地面对挫折；提高抗挫力，从而养成强大的心理，从逆境崛起。

　　在个人成长的全部旅程中，我们都可以尝试使用冥想的方法，为旅程助力，更好地领略沿途的风光，拥有更多的能量。

　　走完自我成长的这趟旅程，我想你一定能真正地找到蜕变的力量，在自我疗愈中成长与超越！